LA STORIA DELL' UNIVERSO

ALLE FRONTIERE DEL COSMO

宇宙的历史

LA STORIA DELL' UNIVERSO

[意]詹卢卡·兰齐尼 —— 主编 [意]洛兰左·皮祖提 —— 著

王柳 龙曼琪 —— 译

SPM 南方传媒 | 广东人民出版社
·广州·

图书在版编目（CIP）数据

宇宙的历史 /（意）洛兰左·皮祖提著；王柳，龙曼琪译. — 广州：广东
人民出版社，2023.6

ISBN 978-7-218-16504-2

Ⅰ.①宇…　Ⅱ.①洛…②王…③龙…　Ⅲ.①宇宙—儿童读物　Ⅳ.①P159-49

中国国家版本馆CIP数据核字（2023）第056997号

WS White Star Publishers® is a registered trademark property of White Star s.r.l.
2020 White Star s.r.l.
Piazzale Luigi Cadorna, 6
20123 Milan, Italy
www.whitestar.it
本书中文简体版专有版权经由中华版权代理有限公司授予北京创美时代国际文化传播有
限公司。

YUZHOU DE LISHI
宇宙的历史

［意］洛兰左·皮祖提　著　王　柳　龙曼琪　译　　　　　　版权所有　翻印必究

出 版 人：肖风华

责任编辑：王庆芳　方楚君　杨言妮
责任技编：吴彦斌　周星奎
特约编审：单蕾蕾

出版发行：广东人民出版社
地　　址：广州市越秀区大沙头四马路10号（邮政编码：510199）
电　　话：（020）85716809（总编室）
传　　真：（020）83289585
网　　址：http://www.gdpph.com
印　　刷：北京尚唐印刷包装有限公司
开　　本：889毫米 × 1194毫米　　1/16
印　　张：10　　字　　数：224千
版　　次：2023年6月第1版
印　　次：2023年6月第1次印刷
定　　价：86.00元

如发现印装质量问题，影响阅读，请与出版社（020-85716849）联系调换。
售书热线：（020）85716864

目录

那些科学无法解释的事   I

第一章   望向群星   1

第二章   探索我们所在的宇宙   15

第三章   一种宇宙模型   31

第四章   膨胀中的宇宙——让我们来模拟大爆炸！   61

第五章   从大爆炸到黑暗世界   85

第六章   暗物质   107

第七章   暗能量及其他：认知的边界   127

望向地平线   142

作者介绍   144

那些科学无法解释的事

卢卡·佩里

有人曾经说过，给科学下定义有点像给游戏下定义。没有人能够给它做出真正详尽的定义，但我们可以尝试了解什么是，什么不是。然而，为了做到这一点，我们需要清楚这种定义活动的一些特点。

首先我们必须说，科学的一个也许令人不适的特点是它的不确定性，这也是它的基本特点。

科学中没有 100% 的确定性。某种现象有以某种方式发生的概率，甚至是极高的概率，但并不确定。这就是科学的特点。

过去，每当我们说我们对某件事情有把握时，后来我们都会改变那种想法。最终，我们吸取了教训。阿尔伯特·爱因斯坦在给他的同事马克斯·玻恩的信中写道："再多实验也无法证明我是对的，但往往一次实验就能证明我是错的。"这个想法后来被科学哲学家卡尔·波普尔采用，即现在所说的可证伪性原则，一个理论要发展成为科学，必须是潜在的可证伪的、可驳倒的。因此，可驳倒性对于一种想法来说不是限制，而是一种优势。而这也是假说具有科学性的前提条件。当我不能拿出证据证明——更不用说反驳——我的理论时，就会导致形而上学。

一旦我们确定了这一点，并意识到我们的知识总是在变化，永远不会是一成不变的，我们就可以开始对周围的事物提出问题。从我们可以轻易观察到的东西开始，然后逐渐地过渡到空间、时间和时空。科学的另一个主要特点是，它是在好奇心的驱动下产生的。而科学可以是非常可怕的，一旦找到一个问题的答案，它通常会使我们产生一千个新的问题。有些人觉得这很令人沮丧，有些人则认为这很令人兴奋。

宇宙有多大？存在多少年了？它是什么形状的？我们可以观察到宇宙中距离多远的物体？

问题无穷无尽，也许都没有答案。我指的不是由于我们的知识有限，或技术不够发达而造成的障碍。如前所述，这些障碍只会激励我们去克服它们。但有些问题我们可能永远无法回答，有些天际我们永远无法看到。因为科学的一个特点是，它有局限性。

我们可以问自己，在宇宙诞生之前有什么？在宇宙大爆炸的瞬间发生了什么？是的，我们可以提出问题。但我们不能指望有一个科学的答案。

宇宙大爆炸是如何发生的这一问题当然没有意义，因为尽管这个名字可能让人产生误解，但在大爆炸期间没有任何东西爆炸。但同时，选择不好的或令人难以置信的引人误解的名字，也是科学的特点之一。

然而，必须为科学家做出部分辩解，他们并不总该为名字的传播和选择负全部责任。因为如果有人在媒体面前说出一个贬义的名字，媒体就会四处报道，就可能发生这种情况，然后这样的名字就被采用了，人们就会相信宇宙是以爆炸的方式开始的。然后，就很难解释宇宙大爆炸到底是什么了。

还因为，我们必须承认，科学家并不真正了解宇宙大爆炸。我们已经发现，宇宙正在膨胀，星系正在相互远离，因此我们可以将时间倒回 138 亿年前，当时宇宙中的物体距离为零，一切都被无限地密集和压缩。这是一种我们称之为奇点的情况。

在这里，我们可以定义其两大特征，不是科学的，而是物理学的，或者说至少是当代物理学的。

首先从数学的角度来说是存在无限的，我们甚至知道如何对待它。然而，在物理学上完全不同。无限密度的真正含义是什么？无限能量又是什么？我们不知道。我们可以说，可能是一个密度和温度都非常高的状态，但仅此而已。物理学将数学作为一种语言，通过数学展示我们无法真正想象和理解的东西。在这一点上，可以说第二个特征也为我们提供了帮助。如果奇点是时空被无限压缩的情况，空间和时间的概念就会失去意义。这些是我们所设想的物理学的基础，即一门通过描述、量化或测量自然现象，从而建立原理和规律的学科。但在调查一种现象的原因和结果时，至少对于我们目前的知识来说，我需要时间来判断。事情发生在引起它的原因之后。为了传达信息，我需要时间朝一个方向流逝。而如果在奇点中，时间没有意义，那么奇点就不是我可以从物理角度研究的东西。

因此，按照目前的设想，物理学是从宇宙大爆炸之后才开始存在的，宇宙大爆炸发生的瞬间不存在物理学！更不用说从物理学的角度研究在这之前发生了什么。目前，我们只能对这些问题进行形而上的猜测。当我们自问关于可能的平行宇宙是否存在时也是如此，由于它们的内在特征，我们将永远无法进行探索，因此我们将永远没有证据证明其存在。

今天不能用科学来研究一个问题，并不意味着将来不能研究这个问题，也不意味着科学是一成不变的。相反，科学的特点之一是它不断地寻求改进。我们甚至无法确定科学的局限性！

总之，乍一看，科学似乎是冒险的伙伴：不确定，无法回答它自己提出的问题，有限，复杂，甚至被误解。那么为什么要相信科学呢？

实际上，通过深入的分析，我们可以发现，科学是一门多么不可或缺的学科。科学是好奇心和激情，是一种方法，是发现自己的错误并加以改进的能力，是有意识的知识，而且是一种极为有用的工具。

如果我们把宇宙的生命与日历联系起来，宇宙大爆炸可能发生在 1 月 1 日的第一时刻，人类就会出现在下一个新年前的最后十分钟。一旦我们采纳了这种观点，就会觉得自己知道发生重大事件时的反应应该是泰然自若，而不是表现得过于明显。然而，这样做除了告诉我们，人类在这个宇宙中生活的时间有多短之外，科学也是让我们能够重建在人类不存在的那些年里发生的故事的调查工具。

根据美国诗人穆里尔·鲁凯瑟的说法，宇宙不是由原子组成的。非凡的故事，只是那些我们不知道如何定义，但我们称之为科学的东西，可以让我们发现和传承，尽管有一些可以克服的限制。因为，如果要说出科学的一个最基本特征，那就是它必须被传播，必须被叙述出来。

因此，让我们做好准备：开始讲述宇宙的故事吧！

卢卡·佩里（Luca Perri）

意大利国家天体物理研究所天体物理学家，米兰天文馆讲师。负责利用广播、电视、印刷出版物、文化节以及社交工具等媒体平台进行科普活动。与意大利广播电视公司Rai 电视台第三频道"乞力马扎罗"栏目、广播电台第二频道、DJ 电台、《24 小时太阳报》电台、《共和报》、科普杂志《焦点》《焦点（青少年版）》、意大利伪科学声明调查委员会、热那亚科技节，以及贝加莫科技节等多家媒体、组织机构、平台均有合作。参与 Rai 电视台文化频道"超级夸克 +"等节目的脚本撰写与主持工作。意大利德阿戈斯蒂尼学校（德阿戈斯蒂尼出版社下属教育机构）签约作家兼培训专员，与西罗尼出版社、德阿戈斯蒂尼出版社以及里佐利出版社等合作，出版有多部科普作品。其中，《太空谣言》一书获 2019 年意大利学生宇宙科普奖。

第一章

望向群星

从拉斯科洞穴 ① 到最新的宇宙学理论，人类从来没有停止过仰望星空，并对宇宙的结构及其运转提出各种问题。

① 拉斯科洞穴位于法国韦泽尔峡谷。洞穴中的壁画为旧石器时期所作，至今已有 1.5 万到 1.7 万年历史，其精美程度有"史前卢浮宫"之称。——译者注（本书注释皆为译者注）

月光皎洁的夜晚，微风沿着起伏的丘陵拂过山坡上的草丝，一男一女两个年轻人躺在草地上，身下的垫布被微微掀起。女生头枕双手，凝望着布满繁星的苍穹；无尽的微光汇聚成乳白色的条带，仿佛朝她倾泻而来。那——就是银河。

她的同伴则沉浸在自己的思绪中；他的眼睛虽然也望着天空，但却心不在焉。这些天，他一直在废寝忘食地做各种实验。而实验结果一直在向他暗示着什么，他的头脑中有一个疯狂但却不算离谱的想法……那些明亮的星星，更加坚定了他的念头。

突然，女生坐起身来，梦呓般地小声说道："你看……星星多亮！"

男生不假思索地答道："是啊，它们在发光……此时此刻，我想我是地球上唯一知道原因的人。"

女生满脸疑惑地看了男生一眼，然后"扑哧"一声笑了出来，算是做了回应——男生的话在她听起来莫名其妙。接着，她乐呵呵地站了起来，但是又有些嗔怪对方破坏了浪漫气氛，所以就转过身去，背对着男生。她没有想到的是，其实，她的同伴真的发现了星光来源的奥秘；如果将人类对宇宙的认识比作一幅巨大的马赛克图案，那么他的发现则又为其增添了一份斑斓。

这一幕虽然看起来像一部言情小说的开头，但却是 20 世纪 20 年代末一位科学家的真实经历。

物理学家理查德·菲利普斯·费曼 [1] 常常在他的课上讲起这段颇具浪漫色彩的故事；虽然故事的主人公至今依然无法确定，但是各种较为可信的消息全都指向了杰出的德国核物理学家弗里茨·豪特曼斯 [2]。1929 年，他与同事罗伯特·阿特金森首次计算出了热核反应的效率，认为这一反应是恒星发光的能量来源。

通过讲述这段逸事，费曼想强调的是，在他看来，是巨大的孤独感使人类开始仰望天空，对未知的

---

[1]　理查德·菲利普斯·费曼（Richard Phillips Feynman，1918 年 5 月 11 日—1988 年 2 月 15 日），美籍犹太裔物理学家，加州理工学院物理学教授，1965 年诺贝尔物理学奖得主。

[2]　弗里茨·豪特曼斯（Fritz Houtermans，1903—1966），德国著名核物理学家和地球化学家。

不安使人类求知，对真相的直觉使人类运用科学进行推理——而由此产生的一项项发现，也使得人类一步步走到今天。

不过，仔细想一想，停下来观察星星的举动并不一定是因为感到孤独；相反，仰望苍穹时，我们的思绪似乎常常能安定下来，感觉自己归属于一种更加伟大的事物，处在许许多多有待探索的奥秘之中。

人类起源时的宇宙

从人类开始在地球上活动以来，与天空的关系就一直处于其生活的中心。作为最古老的科学之一，行星研究的发展源自我们对未知事物那与生俱来的好奇心，同时也因为人类需要一个参照来记录和安排日常活动。观察苍穹并利用其确定自己的时空方位，这实际上是我们的祖先在进行主要活动时所采用的基本方法；从捕猎到耕种，抑或只是找到回家的路。理解星星在天上位置的明显改变和天空的季节性变化，就可以确定天气是在变热还是在变冷，从而确定我们的文明在早期定居点的生活如何进行。

几千年来，人类一直在不遗余力地研究所能观察到的天体，并将它们分门别类地进行整理，以期能够使漫天散落的遥远微光变得井然有序。通过一个可爱的"连线"游戏，人类将天上的星星划分成各种奇妙的图案，这些图案就是星座。就像我们小时候喜欢将云朵的形状赋予意义一样，星座的发明使我们能够根据自己的需要来构建天空。我们用这些想象出来的线条把自己与无垠的天空相连，在发明文字之前，我们就已经沿着这些线条，把故事、习惯、寓言和教理等内容带进了星空。

的确，最古老的星体分类甚至可以追溯到史前时代。在法国西南部的蒙蒂尼亚克村附近有一处著名的天然洞穴群，这就是拉斯科洞穴。该洞穴群发现于 1940 年，1979 年被列入联合国教科文组织世界遗产名录。在洞穴内壁上发现了许多 1.5 至 1.7 万年前的壁画。

这些图案的内容多为动物与狩猎场景，意图可能在于向神明祈祷，或者只是人类固有艺术表现力的原始呈现。

这些壁画中，有一幅最为引人注目：它描绘的是一头牛的形象，是人们走进"公牛大厅"后能看到的第一幅壁画，画面上方有六个黑点。这些点的位置和图案上公牛的身体结构似乎并不是随便画出来的，而是与天空中的金牛座以及昴宿星团[①] 的位置和形状相一致，昴宿星团由一群年轻的明亮蓝色恒星

---

① 昴星团（Pleiades），梅西叶星表编号为 M45，是疏散星团之一。位于金牛座天区明亮的疏散星团，构成星团的几个亮星位于昴宿，由此得名。

上图 拉斯科洞穴（法国）中的一处公牛壁画图案，该洞穴收录于联合国教科文组织世界遗产自然洞穴群名录中。

组成，距离我们大约 450 光年，即使在冬季的夜晚，从北半球也能够以裸眼观察。该星团由数百颗恒星组成，而我们用肉眼恰恰可以清楚地分辨出其中六颗；现实中，视力特别好的人最多甚至可以看清十颗到十一颗。

　　仔细观察这幅图案的话，我们还会发现牛头处也填充有一些黑点，它代表的似乎就是天空中金牛座的牛头；的确，在这片对应区域的天空，也存在着另一个开放星团，即毕星团，而"牛眼"则是红巨星毕宿五[①]，它是冬季天空中最明亮的星星之一。

　　总之，这里有可能画的正是金牛座，或是一种史前天象图，以期为同时代同样热爱星空的"同好"提供某些参考。不管怎样，拉斯科洞穴的壁画都在暗示我们，生活在 1.5 万多年前的人类已经将可见的星体（或其中的一部分）分类和排列成为原始星座，其中一些星座直到今天依然存在，并仍在被现代天文学家使用。一些研究表明，拉斯科洞穴中还有几幅壁画也能够与天空中的部分区域相吻合，这进一步表明人类与宇宙的深刻联系确实与人类的历史一样古老。

---

① 　毕宿五，即金牛座 α（Aldebaran，意为"追随者"），是全天第 13 亮星，呈橙色，表面温度 3900 开尔文。距离地球 65 光年。

阿塔卡马沙漠

　　位于智利北部，是世界上最干旱的地点之一，但也是天文学家最青睐的天空观测地之一。这里耸立着一座座高山，拥有极佳的气象条件，每年有多达 330 个晴朗的夜晚，没有光污染。在智利，夜空被视为一种国家遗产。如今，许多大型望远镜都安装在这里。

不同的学科，唯一的目标

几千年来，人类与宇宙以一种奇妙而复杂的方式逐步加深着彼此的联系。除了采用越发先进的技术观察和研究天体并将其按照特性进行分类之外，我们还想知道它们的运行机制，并且试图了解不同宇宙物体之间的演变、运动、相互作用和可能的联系。天体物理学是科学的一个分支，从天文学发展而来，研究星系、恒星、行星和星云内部发生的物理和化学反应过程，以及更多的"奇异"物体，如中子星 [1] 和黑洞 [2]。这源于我们对知识永不满足的渴求以及探索周围自然界的需要。

显然，了解单个行星或单个恒星的物理学对我们来说是不够的，我们的最终目标不是分析孤立的现象，而是描述事物的整体特性。我们想把宇宙作为一个整体来看待，把它作为一个独一无二的"有机体"来研究，并了解它如何运作。是否存在能够决定宇宙演变的总规律？我们能知道它的起源并对它的未来做出科学合理的预测吗？

---

[1] 中子星，Pulsar，是恒星演化到末期，经由引力坍缩发生超新星爆炸之后，可能成为的少数终点之一。一颗典型的中子星质量介于太阳质量的 1.35 倍到 2.1 倍，半径则在 10 至 20 千米之间，乒乓球大小的中子星相当于地球上一座山的质量。

[2] 黑洞（Black Hole）是现代广义相对论中存在于宇宙空间中的一种天体。黑洞的引力极其强大，使得视界内的逃逸速度大于光速。故而"黑洞是时空曲率大到光都无法从其视界逃脱的天体"。

拓展阅读
猎户座与金牛座

猎户座是最古老和最壮观的星座之一，与金牛座一道，醒目地出现在我们所处纬度的冬季天空中。早先，苏美尔人就已经识别出了猎户座，该民族将天文学以及编写星表视为其文明发展的基础。苏美尔人在星空中看到了英雄吉尔伽美什，称其为"Uru-An-na"（字面意思是"天空之光"），意在与天空中的金牛座（"Gud-An-Na"）战斗。这头强壮的动物是好战女神伊什塔尔 [1] 派来惩罚吉尔伽美什的，因为他拒绝了她的美意。该星座包含非常明亮的恒星，如红色超巨星参宿四 [2]，是肉眼可见的第二大恒星；此外还有美丽的猎户座星云，它是离地球最近的恒星形成区。

---

[1] 伊什塔尔是古巴比伦的自然与丰收女神，同时也是司爱情、生育及战争的女神，有时也是金星的象征。

[2] 参宿四（Betelgeuse）为参宿第四星，又称猎户座 α 星（α Orionis），是一颗处于猎户座的红色超巨星（猎户座一等星）。它是夜空中除太阳外第十二亮的恒星。

上图 猎户座。图片来源：Akira Fuji。

试图想象宇宙如何开始、从哪里开始，需要深入的思考；观察天空就成了实现对现实更完整和深刻看法的基础和跳板。我们必须在思考和探索自然的方式上向前迈进，使思想能够回到远古时代，跨越不可估量的距离，尽力延伸想象力的边界。一直以来，对于种种看上去遥不可及的问题，我们总是希望能够找到答案，这其中就包括对行星的研究。首先，从哲学和宗教的角度来看，宇宙起源理论是众多古代文明文化的中心。这一对"造物的研究"被称为宇宙学，源自希腊语的 Kòsmos（世界，宇宙）和 -gonia（起源，诞生），公元前 5 世纪，古希腊哲学家留基伯在撰写《宇宙大系统》时首次使用了这个词。这部作品如今只流传下了一些片段，但似乎正是它使得留基伯的学生、另一位伟大的哲学家德谟克利特获得启发，发展出他的"宇宙小系统"学说。

世界各地都有关于宇宙起源的故事。从巴尔干半岛到东方，再到非洲和南美洲，每个地方的人都有自己的宇宙观，并在人类和天体之间建立起一种特殊关系。然而，一个有意思的现象是随着时间的推移，人们陆续发展出许许多多关于世界起源的神话、传说和寓言，可是这些内容都有一些共同点，即虽然形式不同，但表述的概念却十分相似。这表明，人类的直觉和智慧能够超越各种多样性；有时，这些直觉甚至让我们能够预测数百年后的未来。

的确，在许多文化中，我们都能发现一个反复出现的关于物体起源的最初猜想，一个存在于远古时代的神秘物体，一切事物的源头，装载宇宙的原始容器——宇宙蛋。例如，这一众生之主在印度教教义中被称为 Hiranyagarbha（字面意思是"金胎"），漂浮在一片混沌的、代表着"不存在"的黑暗之中。

上图 萨摩斯人阿里斯塔克斯肖像，绘于 17 世纪。

拓展阅读
阿里斯塔克斯关于月亮、太阳和星星的学说

早先，在诸多关于宇宙结构的表述中，影响力最大的一种看法认为地球位于宇宙的中心，所有天体都围绕着它旋转。这种地心说在古希腊天文学家克罗狄斯·托勒密（约 90—168）最重要的作品《天文学大成》中得到了论述，此后的一千多年间里，它一直是古代宇宙学的参考模式（即著名的托勒密体系）。然而，在这之前的几个世纪中，哲学家和科学家们已经发展了不同的概念来描述宇宙。生活在公元前 3 世纪的杰出古希腊天文学家，萨摩斯岛的阿里斯塔克斯，已经构思出了一个日心模式，即地球在太空中围绕一个静止的太阳转动。此外，利用简单的几何定律，阿里斯塔克斯猜想月球比太阳离地球更近；而太阳之所以与固定恒星相似，但看起来更大更亮，原因也仅在于，相比其他恒星，它与地球的距离更近。

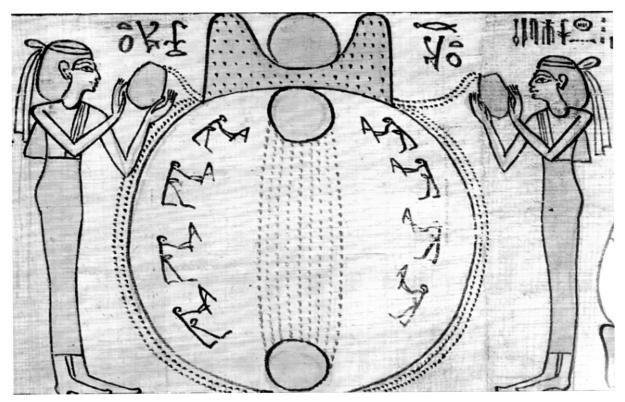

上图 埃及神话中的宇宙蛋。

宇宙蛋的概念也出现在了古希腊神话中俄耳甫斯的故事中，夜之女神在黑暗中放置了一颗银蛋，后来北风使之受精，从中诞生了整个宇宙和爱神厄洛斯。还有一些非洲部落也相信，先前存在一个原始实体，它起初是一个空壳，之后被注入"灵魂"，这两种力量的结合产生了现在的宇宙。

总之，不同的历史，不同的宗教，它们却都有一个相同的"印象"，即宇宙诞生于时间开始之前的某个单一物体。看到这，你会不会想起什么？一个初始奇点，"存在"这一状态的起点——大爆炸模型[①]的前身。

正如我们将在本书中发现的那样，仅有印象是不够的。要想彻底了解宇宙的演化情况，需要借助更先进的工具；我们需要仔细观察和分析自然界，而后提出假设，再用新的观察结果来验证这些假设，进而才能将这种印象转化为对人类重大问题的科学答案。

旨在回答这些问题的学科被称为宇宙学，它对宇宙的特性及其结构展开大规模的整体研究。这里有必要说明"大规模"的真正含义：我们谈论的是哪些方面？我们要把自己"缩小"到何种程度，才可以说我们的研究领域已经从天体物理学转移到了宇宙学？回答这些问题并不容易，这两个学科关系十分密切，往往会在某个没有明确界定的领域产生交集。为了理解可以在多大程度上划定这一边界，让我们像豪特曼斯一样，从仰望星空开始，开启一场漫长的旅途。

---

① "大爆炸宇宙论"（The Big Bang Theory）认为：宇宙是由一个致密炽热的奇点于137亿年前一次大爆炸后膨胀形成的。

古代星图

荷兰制图师弗雷德里克·德·威特（1629—1706）在1670年绘制的星空图。左半球显示的是北半球的星座，右半球显示的则是南半球的星座。角落里的方块代表（从左上角开始，顺时针方向）月球潮汐、托勒密行星轨道（以地球为中心）、第谷·布拉赫提出的行星轨道、哥白尼模型中地球围绕太阳的轨道、行星轨道（依然在哥白尼模型中）以及各种月相。

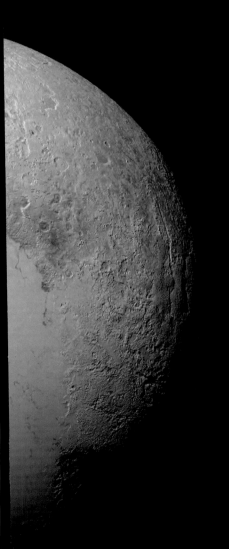

第二章

探索我们所在的宇宙

只需从太阳系探出身去,便能感知到宇宙的宏大,仅仅是观察和研究我们所在星系附近的宇宙空间,就足以令人头晕目眩、应接不暇。

上图 从智利帕瑞纳山上用甚大望远镜（VLT-Very Large Telescope）朝向银河系中心拍摄到的天空景象。图片来源：欧洲南方天文台。

前页图 "新视野"（New Horizons）太空任务中拍摄到的冥王星及其卫星冥卫一（卡戎）。图片来源：美国国家航空航天局/约翰斯·霍普金斯大学应用物理实验室/美国西南研究院。

在欣赏苍穹的时候，我们是否会在心中默默发问：我们在宇宙中的哪个位置？与我们可以观察到的众多行星相比，我们又处于什么位置？现在，就让我们离开舒适的母星，去观察周围的宇宙、探索周围的空间。以前地球与其他八颗行星以及一些小型天体组成一个天体系统，它们围绕着一颗恒星——太阳运行。直到大约 15 年前，有九个天体被归类为行星，这其中包括冥王星，一个相当小的天体，甚至比我们的月球还小，位于太阳系的边缘地带。然而，2006 年 8 月 24 日，国际天文学联合会 [1] 在经过争论和探讨之后对冥王星进行了重新定义，将其归列为"矮行星" [2]。这也成了冥王星粉丝们的痛苦回忆之一，据说这些人已经开始请愿，要求恢复冥王星的地位……但这是另一个故事了。

从太阳系到遥远的恒星

"不受待见"的冥王星与太阳之间的距离在 44 亿至 74 亿千米之间，这个距离是地球与太阳之间距离的 30 至 49 倍。换句话说，如果我们把地球比作一个直径为 1 厘米的玻璃球，那么太阳则位于 120

---

[1] 国际天文学联合会（International Astronomical Union，缩写为 IAU）于 1919 年 7 月在比利时的布鲁塞尔成立，该会是国际科学理事会（ICSU）的国际科学联合成员，也是国际上承认的权威机构，负责统合恒星、小行星、卫星、彗星等新天体以及天文学名词的定义与英文命名。

[2] 矮行星（dwarf planet），又称"侏儒行星"，体积介于行星和小行星之间，围绕恒星运转，质量足以克服固体引力以达到流体静力平衡（近于圆球）形状，没有清空所在轨道上的其他天体，同时不是卫星。

宇宙飞船对太空的探索进展如何？

人类制造的物体中，最靠近过太阳的是 1977 年发射的旅行者 1 号空间探测器（右图），它也是到达过地球外最远距离的人造物体。在 43 年的太空之旅中，旅行者 1 号以大约 6 万千米 / 小时的速度飞行了 20.6 光时，也就是 223 亿千米。2012 年，该探测器穿过了太阳风层顶，这是太阳风被星际介质中扩散的气体和尘埃阻碍而停滞的边界。旅行者 1 号以及它的"孪生兄弟"旅行者 2 号，都携带了一张镀金唱片，录有地球上的图像和声音，旨在与可能的高智慧外星文明联系。录音内容由著名天文学家和科普作家、著有《接触》等作品的卡尔·萨根率领其科研团队设计而成。唱片的盒子上印有说明，方便发现它的"某人"使用。

米开外，而冥王星则至少要在 3.5 千米以外。把这段距离比作一条高速公路的话，我们要想开车到达冥王星，就得一刻不停地开上约 5000 年！综上，这些数字也许能让我们觉出自身的渺小，但这仅仅是一个开始。太阳系当然不会以冥王星为终点，而是远远超出它，延伸到外太空。如果我们把太阳引力影响范围的距离作为它的边界，那么就还得把我们与冥王星之间的距离再翻数千倍……即便这样，我们也还只是在研究天文学意义上人类家园的范围。

当我们开始谈论其他恒星，甚至是那些离我们最近的恒星时，千米这一测量单位都不再适合描述这些天体间的距离。前面我们在谈到昴宿星团时，已经提到了最常用的"距离标尺"之一，即便是非专业人士也知晓的一个单位——光年。虽然有"年"这个字，但"光年"这个词代表的却是距离而非时间；具体说来，它指的是一束光在一年内走过的距离。在接下来的章节中，我们将更详细地介绍光和它的基本属性，但现在只需知道它是宇宙中最快的物体，其在真空中的速度为 299792458 米 / 秒。在我们眨眼的瞬间，一束光已经绕行了地球七周半。仅需 8 分钟，它便能走完地球与太阳之间的 1.5 亿千米。想想看，它在一整年中能走多远吧，大约为 10 万亿千米。

即便如此，从地球出发，到达离太阳系最近的恒星——比邻星，光也需要走 4 年多的时间[1]。因此，我们说比邻星与地球之间的距离是 4 光年，更准确地说是 4.24 光年，或是 40 万亿千米。回到刚才说

---

[1] 比邻星是南门二（半人马座 α）三合星的第三颗星，依拜耳命名法也称为半人马座 α 星 C。它是离太阳系最近的恒星（4.22 光年）。

的高速公路，我们的汽车足足需要走 4 亿年才能到达那里；目前的太空探测器则更为幸运，大概"只"需要飞行 7.5 万年左右吧。

让我们走得再远一点。在理想的天空条件下，从地球北、南半球能用肉眼直接观察到的星星一共有 6000 颗到 7000 颗。这些星星与我们之间的距离近则几十光年，远可达数千光年，即几千万亿千米。读到这里，大家可能注意到，与太阳系相比，表示距离的量级已经显著增加，这在人类看来已然是无边无际的感觉。然而，与我们想带领大家到达的位置相比，这些星体却仍然算得上是"近在咫尺"，它们仍处在"我们"的宇宙领域之内。

规模，星系级那种

在进一步展开讨论之前，有必要介绍一下光的另一个方面；光在宇宙学中的地位至关重要，尤其是在涉及极大距离概念的时候快者如光，在宇宙中各个位置之间穿梭也需要时间。光是无法即时到达某处的，这意味着当我们观测某个天体时，我们看到的并非实时景象，而是存在一定的延迟的。例如，一颗 10 光年外的恒星，它发出的光线需要 10 年才能到达地球；因此，在观察这颗恒星时，我

拓展阅读
从北半球向外望去，肉眼可见的最遥远物体是什么？

如果是指单个星体的话，仙后座 V762 当仁不让，这是一颗位于同名星群的变星，与我们之间的距离约为 16000 光年。遗憾的是，该数据存在相当大的误差，所以关于这一纪录也存在较大争议。

一些距离更远但仍处于银河系内的弥漫天体隐约可以用肉眼看见。例如，位于武仙座的大球状星团 M13，这是一个由 50 万颗位于 25000 光年之外的恒星组成的星团。不过，距离最为遥远的还要数 M31 仙女座旋涡星系，该星系距离我们 250 多万光年，从地球上不受光污染影响的地区不借助望远镜就能看到它的内核。还有一些看法认为，在观察者视力极好且天空条件完美的情况下，有可能看到一个更为遥远的天体——273 万光年外的三角星系（M33）。

上图 仙女座星系（M31），肉眼可见的最遥远天体。图片来源：Robert Gendler。

巨引源

对拉尼亚凯亚超星系团＊中的天体运动进行的研究表明，这些天体的运动方向偏向于一个特定的空间区域，即该超星系团的重力中心。这个区域的观测工作特别复杂，因为部分天区被银河系的隐匿带遮蔽，无法被观测到；它被称为巨引源，看起来像是一个巨大的星系团，甚至比室女星系团还要大。

上图　哈勃空间望远镜拍摄的巨引源区域图像。

＊　拉尼亚凯亚超星系团（Laniakea Supercluster，简称 Laniakea SC）是银河系、太阳系和地球所处的超星系团。

们的眼睛所看到的光不是这颗恒星当下发出的，而是十年前发出的。换句话说，我们看到的是年轻了十岁的恒星，不需要滤镜、P 图或者除皱霜等等。

所以，我们现在来到了非常重要的一点，遥望宇宙，意味着回望过去。这正是因为我们今天观察到的来自遥远天体的光芒，是它们在年轻时发射出来的。在帮助我们调查其过往这件事上，宇宙提供了一种令人感到不可思议的工具，运用得当的话，我们就可以了解宇宙从起初到现在整个故事的来龙去脉。

带着这一新利器，我们继续在漫天斑斓中探索周围的空间。现在，我们把注意力转移到银河上，这条微弱的漫射光带把天空分成两半，划出一道弧线，一直延伸到地平线以下。它是旋涡状圆盘星系[1]的投影，我们的太阳系和所有肉眼可见的星星都是它的一部分；这是一座巨大的"城市"，包含了 1000 亿 ~4000 亿颗星体，沿着直径达 10 万光年的圆盘星系分布开来。夏天的夜晚，人们可以顺着人马座的方向观察到银河系的中心，这是一个名为"核球"的球状体，其中包含一些极为古老的恒星和一个质量超过太阳 400 万倍的中心黑洞。这一隆起球状体之外则延伸出一种拉长的棒状结构（的确，天文术语称我们所在的星系为"棒旋星系"）。太阳系则位于银河系中一个被称为"猎户臂"[2]的旋臂中，距离

---

[1]　"圆盘星系"是有着圆盘的星系，恒星被平铺在圆形的体积内。这些星系的中心可以有也可以没有像核球的圆盘。
[2]　猎户臂是银河系内的一条小旋涡臂，地球所在的太阳系即处于猎户臂内。它也被称为本地臂、本地分支或猎户分支。

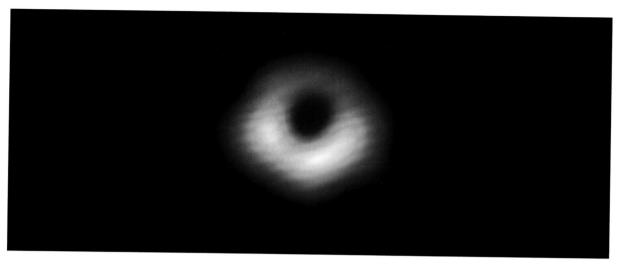

上图 M87 星系的中心黑洞。图片来源：欧洲南方天文台。

银河系中心约 26000 光年，每 2.4 亿年绕行核球一周。

尽管我们所在的星系已经庞大到令人难以置信，但它绝不是周围唯一的星系。事实上，它隶属"本星系群"[1]，该星系群还囊括了另外 80 余个迄今为止已经被观测到的星系。除了围绕银河系运行的几个较小天体之外，在邻近区域中非常醒目的要数"仙女星系"，也被称为"M31 星系"。同样是旋涡星系，大小约为我们所在星系的 1.5 倍，其中的星体数量几乎是我们所在星系的 3 倍。整个本星系群所覆盖的区域直径约 1000 万光年。在这种规模下，汇聚着大量星体的银河系看上去也不过是沧海一粟。

宇宙中的星系会变得越来越"稠密"，成为一个个包含成百上千种星系团的巨大复合体，星系团（galaxy cluster）[2]是宇宙中最大的结构组织，凭借星体之间的引力维系，也是宇宙中有史以来观测到的物质密度最高的区域。这些物质可以被视为天体物理学和宇宙学的交点，即我们一直在寻找的二者之间的细微边界。的确，星系团的内部演变过程受制于气体与星体物理，而结构的整体动态及其与外部环境的相互作用则由整体引力场[3]决定。引力在大范围上支配着宇宙，决定着宇宙的演变和命运。一如但丁在《神曲》结尾、天堂篇第三十三节中写到的那样："是爱，动太阳而移群星。"至于星系团到底是什么以及它究竟如何运作，我们将在下一章继续探索。

本星系群附近最大的星系团之一被称为室女座超星系团[4]。它处在距离我们超 5000 万光年的位置，包含约 1300 个星系（尽管其中的"成员"总数可能多达 2000 个）。这一星团中的主要星系简称为

[1] 本星系群，是指银河系和相邻仙女星系、麦哲伦星云等 50 个星系组成的一个规模较小的集团，包括银河系在内的一群星系。

[2] 星系团，是由星系组成的自引力束缚体系，通常尺度在数百万秒差距或数百万光年，包含了数百个到数千个星系。

[3] 引力场，是描述物体延伸到空间中对另一物体产生吸引效应的理论模型。现代观点认为引力场是物质在空间中产生的空间弯曲效应，物体在该弯曲空间内运动时表现出在直角空间中的运动状态改变，从而体现出引力效应。

[4] 室女座超星系团 (Virgo Supercluster，简称 Virgo SC) 或本超星系团 (Local Supercluster，简称 LSC 或 LS) 是一个不规则超星系团，包括银河系所在的本星系群在内的一群星系组成的超星系团。

大麦哲伦云

    大麦哲伦云是本星系群中的星系之一，距离地球16.3万光年。它与小麦哲伦云（位于大约20万光年之外）一起形成了一对北纬15°以南肉眼可见的星系。两个星系以航海家斐迪南·麦哲伦的名字命名，麦哲伦率领船员在1519年第一次环游地球时观测到了这两个星系，并将它们介绍给了当时的欧洲人。大麦哲伦云的形状不规则，质量预计约为太阳的100亿倍。两个麦哲伦云都像卫星一样在围绕银河系运行。其中，大麦哲伦云正在逐步靠近我们的星系，根据推算，两者将在大约24亿年后相撞。

● 图片来源：Zdeněk Bardon/ 欧洲南方天文台。

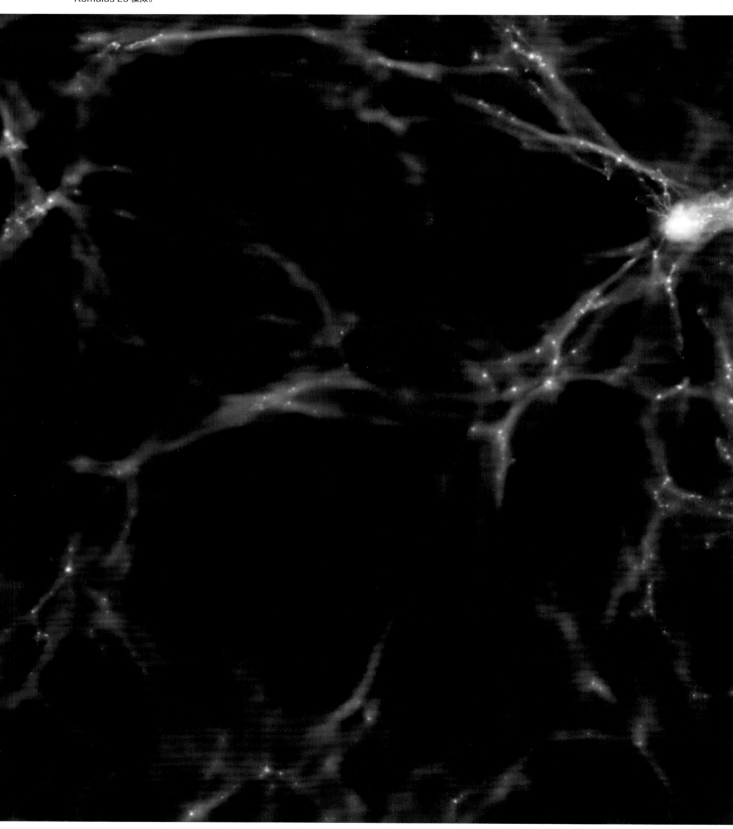

下图 计算机宇宙模型中的宇宙网样例。不同的颜色表示分布在
不同温度下的（普通）物质。图片来源：Michael Tremmel，
Romulus 25 模拟。

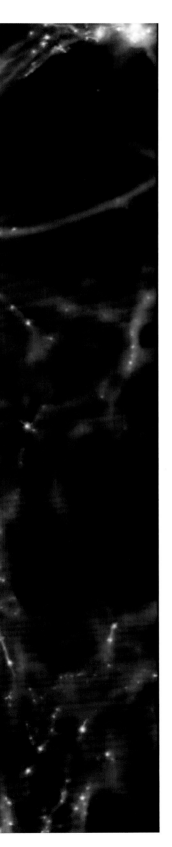

M87，在 2019 年因其巨大的中央黑洞而闻名于世，是人类历史上第一次直接观测到的黑洞，这要归功于事件视界望远镜^①系统。室女座星系的质量大到令人感到恐怖，相当于太阳的数千亿倍之多，从而能通过其引力影响我们所处的本星系群和其他小星系团。所有这些星系被一条无形的引力线连接起来，构成了一个状如扁平圆盘、直径达 1.1 亿光年的更为巨大的有机体：室女座超星系团。而它又是拉尼亚凯亚超星系团的一部分；据估计，该星系团的直径会超过 2.5 亿光年。索性再进一步，我们试着把宇宙看作一个整体，想象一下，在数量级超过 10 亿光年时，我们眼中的宇宙会是什么样子呢？

宇宙之大

根据当前的观测结果以及宇宙演化规律，科学家们设计出了一套算法，从而可以利用计算机模拟宇宙，下页的图片就是对部分宇宙的还原效果图。以不同颜色表示的物质沿着宇宙网——一种类似神经网络的丝状结构——分布开来。丝状物的交汇点是我们发现的质量最集中的结点，也就是我们所说的星系团。

当然，有人会说，这只是一种基于数据的模拟，是我们解释现实的方式。我们怎么能确定宇宙真的就是这样？为了回答这个问题，让我们再翻到下一页，图片显示的是斯隆数字巡天^②（SDSS）观测到的宇宙中的一些星系，自2000年年初以来，这项观测活动已经绘制出了距离我们 15 亿光年的太空重要图像。图中的每个点表示一个星系。在心里默念"遥望宇宙意味着回望过去"，顺着图片看下去，我们就可以欣赏到这些星系在数百万年里的演变，了解它们如何在宇宙网络中聚集并由此产生出在模拟图上突出显示的宏伟结构。

在探索的过程中，我们发现宇宙的整体景象变得越发复杂和神秘，但遗憾的是，我们离目标仍然很遥远，好比蜻蜓点水一般。现如今，纵然人类可观测到的宇宙区域直径已超 930 亿光年，但这绝非宇宙的全貌，而只是我们从地球上所能观测到的可见区域范围。在此范围之外的物体，它们的光线永远无法到达我们的星球，所以它们将永远无法被观测到。这就是为什么诸如"宇宙是无限的吗？"或"宇宙的边界是什么？"这种问题是没有意义的，因为我们所能研究的只是周围宇宙的一部分。

---

① 事件视界望远镜（Event Horizon Telescope，简称 EHT）是一个以观测星系中心超大质量黑洞为主要目标的计划。
② 斯隆数字巡天是人类最大的探天工程，美国亚利桑那大学的丹尼尔·埃森斯坦（Daniel Eisenstein）教授负责这一项目。

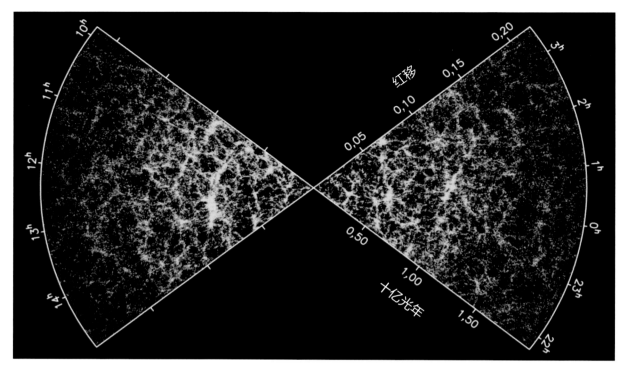

上图 斯隆数字巡天项目中的部分星系分布图。图片来源：SDSS 2df 巡天（与 SDSS 巡天是 2 个项目）。

右图 一些属于室女座星系团的星系，距离我们大约 5000 万光年。图片来源：欧洲南方天文台。

　　然而，我们却不应为此感到气馁。即使我们的小星球与无垠的宇宙相比是如此渺小，但我们却在探索宇宙本质方面取得了重大进展。通过理论与实践的完美结合，在近一个世纪的时间里，像在做复杂的拼图游戏一样，我们将最主要的碎片拼在了一起，最终构建起一个模型，使我们能够描述所看到的宇宙。这一模型彰显出人类的聪明才智及其在科学研究方面取得的进展；同时却也凸显出我们的无知——还有很多事情等待着我们去探索发现，并开启了一个名副其实的潘多拉盒子——那些未知的世界。

　　让我们以一则小预告作为本章的总结：想一想迄今为止我们所发现的一切，生物、行星、恒星和星系所构成的物质……参与构成所观测到宇宙的每一颗粒子①、反粒子②以及辐射。尽管这些物质数量多到令人难以置信，并且外观状态变幻莫测，但实际上却只是参与构成宇宙全部物质当中的一小部分，仅占总量的不到 5%。可怜的人类啊！曾几何时，我们自认为是宇宙的中心，到头来却发现，我们甚至连零头都够不上。那么，问题来了，其余的部分是什么？什么样的奇异实体会占据 90% 以上的宇宙空间？它们位于哪里？我们对其了解多少？请大家做好准备，我们接下来就进入一个充满惊喜的未知世界——这也是物理学的一个分支。在那里，我们将转变理解现实的方式，把不可见的事物可视化。让我们准备好，去发现黑暗宇宙的奥秘吧！

---

①　粒子，是指能够以自由状态存在的最小物质组成部分。

②　正电子、反质子、反中子、反中微子、反介子、反超子等粒子的统称。

原超星系团许珀里翁

　　2018 年年底，博洛尼亚国家天体物理研究所研究员奥尔加·库奇亚蒂领导的一个研究小组确定了这一巨大星系结构，距地球约 115亿光年。这是一个处在形成过程中的超级星系团，被非正式地命名为"许珀里翁"。将其视为一个整体来看的话，它的质量大到令人感到恐怖，是太阳的 1000 万亿倍以上。由于它与地球之间的距离十分遥远，所以我们看到的其实是该星系的豆蔻年华。的确，许珀里翁原超星系团的质量均匀地分布在内部相互连接的小团中，在这些小团中发现了尚未形成明确结构的星系家族。许珀里翁是迄今为止在宇宙演化早期发现的体积和质量最大的星系结构。

- 图片来源：欧洲南方天文台 /L. Calçada & Olga Cucciati et al.

第三章

一种宇宙模型

宇宙学标准模型[①]建立在浩繁的数据基础之上，经过漫长且复杂的研究而得，确定了宇宙这块"蛋糕"的配料。爱因斯坦的相对论则将这些配料揉在一起，形成有机的整体。

① 宇宙学标准模型，以 A. 爱因斯坦的广义相对论为基础，描述均匀各向同性宇宙运动规律的模型。

"大爆炸" 一词的来历

这一经常被用来描绘宇宙诞生的表述一开始其实充满贬义。1949 年，物理学家弗雷德·霍伊尔（右图）在 BBC 播出的一档广播节目中用这个词嘲笑了一种宇宙理论，该理论认为原始宇宙可能产生自一个密度和温度都非常高的无限小区域。实际上，霍伊尔是"宇宙稳恒态理论"的创始人和支持者，该理论是"大爆炸"的著名竞争"对手"之一。所以，当初在说出"大爆炸"这个词的时候，霍伊尔实际上是在嘲讽一个在他看来十分荒谬的理论。

当我们谈论宇宙时，首先会想到"膨胀"。我们常常会在网络、书籍和电视节目当中听到关于宇宙大爆炸的讨论，这件充满神秘色彩的事情在最初、也就是约 140 亿年前创造了宇宙；从那时起，宇宙就一直处在演变之中，不断地膨胀和冷却，直到形成我们今天所观测到的结构。如今，这些概念已经广为流传，即便不是从事相关领域工作的人对其也并不陌生，它们被滥用在各种媒体和文学作品中，然而其内涵却绝非听上去那么简单。宇宙在膨胀，这是什么意思？宇宙从哪里来，又要到哪里去？"大爆炸"的字面意思再清楚不过，但它究竟是指什么？在一些"快餐知识"里，它被解释为"时间之初的巨大爆炸"，而这样的定义简直就是大错特错。对于任何一位讲究尊严的宇宙学家来说，听到这种说法，就如同在隆冬时节被泼了一桶冷水，透心凉。

事实上，目前宇宙学领域的知识与发现是一系列重要分析、观察、猜想以及复杂研究所取得的成果。人类采用愈加先进和精确的仪器探索天空的每个角落，获得了浩繁的数据，从而逐渐建立起了所谓的"宇宙学标准模型"，又称 ΛCDM 模型（读作"兰姆达 CDM"），它汇聚了形形色色的信息，试图对记录到的各种观测现象作出合理解释。

与理论不同——依靠演绎、归纳等方法将一般性的推理与想法串联起来——模型需要对一系列事件进行高效乃至高质量的描述。的确，宇宙学标准模型就是建立在若干回溯宇宙历史阶段的理论基础上，将目前收集到的各种信息结合在一起。具体说来，简单的 ΛCDM 模型基于六项参数（见下页文本框中），这些参数涵盖了观测数据所定义的各类广泛现象，并通过对这些数据的分析得以确定下来。然而，正如我们在上一章末尾所提到的，这座为呈现出可见宇宙而建起的"大厦"也给我们带来了关于宇宙组成"物质"的重大问题。

黑暗"配方"

为了能够正确描述人类凭借各种观察而构建起的宏大景象，宇宙标准模型需要引入一些"配料"。这是一些乍听之下十分荒谬且几乎违背常理的东西，它们看不见、摸不着，我们只能感知到它们带来的影响。这些"配料"是一些暗物质，它们也许构成了大部分的宇宙，主导着其中的物质与能量。这些物质的属性超乎寻常，简直带有些科幻意味；但它们与参考数据又是如此契合，从而成为到目前为止我们用来诠释宇宙活动的不二选择。

宇宙的"黑暗面"一般可以分为两个基本部分。首先是一种成分不明的物质，与我们所知的物质完全不同，也不会与其相互作用，而且不会发出任何辐射，但同时却又受到重力的影响。这种物质被称为"暗物质"[1]。它不是由人类已知的任何粒子构成的；根据最新的估算，其总质量约为普通物质的 6 倍。暗物质产生的引力效应在很大程度上影响着天体运动，决定着宇宙中各种结构的形成与演变。

---

[1] 暗物质（Dark matter）是理论上提出的可能存在于宇宙中的一种不可见的物质，它可能是宇宙物质的主要组成部分，但又不属于构成可见天体的任何一种已知的物质。

拓展阅读
宇宙学标准模型

宇宙学标准模型可以概括为六个基本参数，它们涵盖了宇宙及其历史研究的所有方面。其中三个参数是今天的哈勃常数、普通物质与总密度的比例，以及总物质（普通物质和暗物质）的比例，都与现今的宇宙结构有关；另外三个参数则更为复杂，它们与太初之时发生的事情有关。既然说到这了，那就都列在这里吧，它们分别是：第一批恒星形成时（被称为"再电离"时期）的光学深度，标量扰动的涨落振幅和所谓标量光谱指数。

归功于一场日食

1919 年 5 月 29 日，正是凭借日食这一奇特的天文学现象，英国天文学家亚瑟·爱丁顿首次从实验的角度论证了爱因斯坦的相对论。由于太阳的光线被月球所遮挡，爱丁顿从而能够观察到太阳盘附近的一些恒星，从而注意到它们在天空中的相对位置与在夜间时有所不同。这证实了太阳质量会使大致处于同一视线上的远距离光源光路发生偏折，这是广义相对论所预测的一种效应，被称为"引力透镜效应"。图中展现的是 2016 年 3 月 9 日发生的日全食。

● 图片来源：欧洲南方天文台 /P. Horálek/ "太阳风夏尔巴人"项目（Solar Wind Sherpas project）。

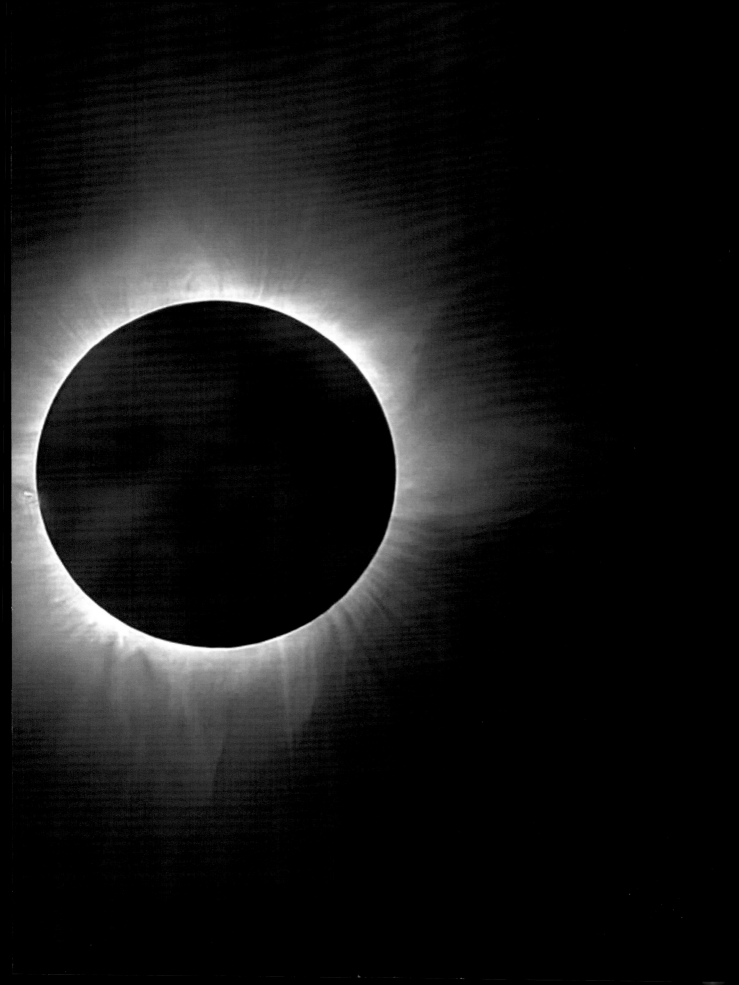

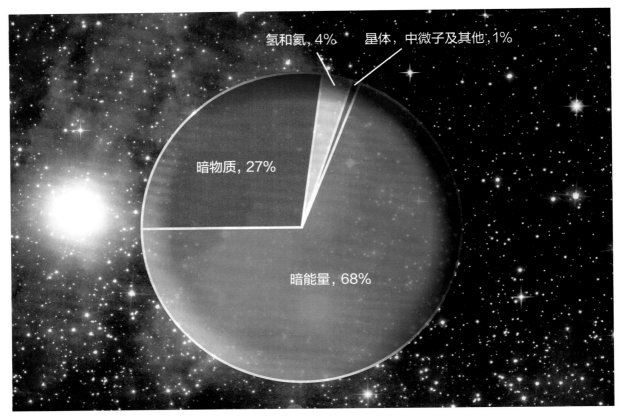

氢和氦，4%　星体，中微子及其他，1%

暗物质，27%

暗能量，68%

上图　普朗克卫星最新数据显示的宇宙成分构成。由气体、星体和其他已知粒子组成的"普通物质"只占宇宙总物质的 5%。

宇宙学标准模型中的"CDM"就是"冷暗物质"（Cold Dark Matter）的缩写 [1]；至于这种难以捉摸且我们对其知之甚少的东西到底是什么（虽然我们说它"冷"，但其实却无法测量它的温度），后文将予以解释。

　　如果第一种成分听上去已经够玄乎了，那么第二种成分则更加神秘，它是一种奇异能量，均匀地分布在整个宇宙当中。这种能量是一种流体，能够朝四面八方"摊开"，似乎是当下整个宇宙的主要扩张方式。Lambda-CDM 模型名称中的 Lambda（希腊字母 Λ）代表的就是这第二种成分，或者说迄今为止作出的与观测数据相一致的最简假设。正因其"难以捉摸"，这种成分因此被称为"暗能量" [2]。值得注意的是，在物理学中，谈论"能量"和"物质"其实是一回事儿。然而，在暗宇宙中，这两个词的含义却有本质区别；如同我们接下来将会看到的那样，它们被用来区分两种看上去完全不同的活动。

　　不过，关于这一点，科学界近年来又发展出了其他理论，根据这些理论，"黑暗面"的两个部分实际上并非相互独立，反倒有可能彼此相连，并且在以尚不可知的方式相互作用。这些作用会对人类可见

①　冷暗物质（或 CDM）是大爆炸理论在改善的过程中加入的新材料，这种物质在宇宙中不能用电磁辐射来观测，因此是暗的；同时这种微粒的移动是缓慢的，因此是冷的。

②　暗能量是驱动宇宙运动的一种能量。它和暗物质都不会吸收、反射或者辐射光，所以人类无法直接使用现有的技术进行观测。

的宇宙产生影响且能被大规模宇宙观测活动所检测，例如，中国科学院龚成带领的科研团队最近的一项研究成果就证明了这一点。而牛津大学的杰米·法伦斯在其 2018 年开展的一项研究中甚至提出了更为大胆的猜想，即暗物质与暗能量可能是同一实体的两种表现形式，用语言描述的话，就是一种"负"质量流体（它在现实中的含义远未得到明确）。

宇宙这块儿"蛋糕"

暗物质和暗能量无法归入现有普通科学当中的任何类别；它们的属性对于解释人类对宇宙日益精细的观测结果十分有必要，也引发了我们对当前物理学内容理解的探讨。从宇宙本身出发，向这个"面团"中"添加"一些未知"配料"并不会产生问题；几乎每天都会有研究得出奇奇怪怪的新结果。一般来说，我们要做的是尝试用产生新事物的理论去解释这一新事物，从而作为对已有模型的扩充或补充。这种拓展是对理论本身的完善、调整，甚至是颠覆，科学也由此得以进步。但是这种情况中的物质和暗物质与暗能量是不同的概念。

真正令人感到不安的是，这两种暗成分并不是异常物质，或是我们要从已知事物中抹去的多余部分。相反，这些"额外"的内容是宇宙这块大蛋糕的主要配料，而构成生物和整个人类已知宇宙的物质只是"特例"！

我们在翻阅各种有关宇宙学的书籍或是浏览相关网站时，很容易在不经意间看到描述宇宙成分的饼状图。而我们的目光马上就会聚焦在普通物质所占的那一小块儿上，它看上去是那么微不足道，只占宇宙总量的 4%~5%。对此，一种极度悲观的看法认为，这种悬殊的比例证明人类只是巨大暗黑宇宙中的一粒尘埃。不过，也有更加浪漫的观点，即我们是一类特殊物种，是由宇宙中最稀有的成分结合而成的。

"光以太"是否存在？

19 世纪下半叶流传着这样一种观点：光并不能在真空中传播，而是要依靠一种名为"光以太"（或简称为"以太"）的介质，它遍布整个宇宙，是一种刚性、静止却又无法触及的东西。1887 年，美国物理学家阿尔伯特·迈克尔逊（右图左）和爱德华·莫雷（右图右）否定了这种介质存在的可能；这也使得爱因斯坦提出了狭义相对论假设，根据该假设，真空中光速是恒定的，与观察者和光源的运动状态无关。

2018 年，普朗克协会 [1] 公布了最新的宇宙微波背景（后面会讲到）研究估算结果，数据表明，宇宙中普通物质的占比实际上接近 5%，且误差极小；澳大利亚的一个本地宇宙射电源研究小组在其 2020 年 3 月开展的研究工作中也证实了这一结果。

同样，根据普朗克协会的最新研究结果，饼状图的很大一部分则被暗物质所占据，大约是 27%。事情到这里就很有意思了，普通物质与暗物质这两种成分加在一起也不过才占宇宙物质总量的 32%，剩下的则全部是暗能量，作为真正的主宰者，它在宇宙物质总量中的占比超过了 2/3。

讲到这，我们必须弄清楚一个基本问题：这些百分比是如何得出的？我们前面提到的各项研究是怎么估算出这些属性未知的物理概念的数量和比例的呢？

为了回答这个问题，我们需要重构标准模型所依据的基本要素，从描述宇宙膨胀及其成分的相关理论开始。一百多年前，一个留着小胡子、头发蓬松的家伙提出了这一理论，他的名字叫阿尔伯特·爱因斯坦。

---

[1] 马克斯·普朗克协会（简称 MPG），全名为马克斯·普朗克科学促进协会（研究欧洲普朗克卫星观测数据的庞大研究团队，成员遍布世界各地），其为德国的一流科学研究机构的联合。协会为一非营利性法人机构，相当于中国的中科院。

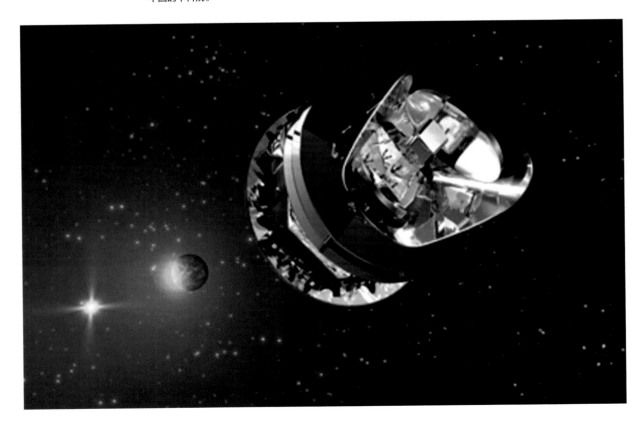

来点儿相对论

爱因斯坦是人类历史上最著名的科学家之一，他在1905年和1916年发表的两篇论文构成了他最为重要的科学成就。两篇文章阐述了"相对论"这一科学丰碑，是迄今为止对空间和时间结构以及引力概念等问题最详尽的论述，并且得到了验证。该理论分为狭义相对论和广义相对论两个部分，二者所探讨的领域关系是一种类似"俄罗斯套娃"的嵌套结构：一个小而具体；另一个则更大且更宽泛。确切地说，前者是后者的一种特殊情况。说得再细一点，狭义相对论主要描述的是联结各种不同"观点"——专业术语中叫"惯性"参考系[①]——的规律。相对论设想基于以下两点：

- 一切物理定律在所有惯性参考系中都是等价的；
- 真空中的光速对任何观察者来说都是相同的（并且等于 299792458 米 / 秒，通常用字母 c 表示）。

不过，"惯性"一词又是什么意思？本质上讲，惯性参考系是所有那些相对于彼此匀速运动的观察点；实际上，它们不会加速或减速。大家可以想想一列行驶中的火车，只要火车一直匀速行驶，车厢内的乘客就可以像在路上行走一样平稳地走动。换句话说，物理规律在车外和车内是等效的。

然而，如果火车突然减速、转弯或加速，我们的身体就会被晃来晃去，我们会感觉有力作用在身上，站都站不稳，更别提散步了！在这种情形下，火车内外看似受制于不同的物理规律。但事实上，规律并没有变，变的是旅客对列车加速度的感知，从而表现为被甩来甩去。这就是一个"非惯性"参考系[②]。

广义相对论则将狭义相对论的原理扩展到了刚刚提到的非惯性系中，移除了狭义相对论中的"惯性"表述，加入了"强等效原理"[③]。永远能够找到一个适用狭义相对论中各项定律的"足够小"参考系。这一点其实很好理解，我们想一想地球表面，虽然地球是颗"球"（当然，这里我们忽略了那些反对声音），

---

① 惯性参照系（惯性参考系）1885 年由德国物理学家提出，提出者并非牛顿，而由于适用于牛顿力学，人们往往认为是牛顿提出的。惯性系符合的是与惯性定律描述一致但不是惯性定律的原理，即在惯性系中，不受外力时，一切物体总保持与参考系的匀速直线运动状态或相对静止状态。

② 非惯性参照系（非惯性参考系）是相对某惯性参考系做非匀速直线运动的参考系，又称非惯性坐标系，简称非惯性系。

③ 强等效原理，是天文学专有名词。强等效原理表明引力定律与速度和位置无关。

地球周围的宇宙空间

即便是地球这种体积相对较小、质量较轻的天体，却也能产生一种"洞"，改变其周围的时空结构。关于这种效应的理论已经在实验中得到验证。例如，将两个高精度原子钟放置在相对于地球表面的不同高度（因此它们会受到不同的重力势能影响），它们显示的时间是不同的，离地球较近的钟走得比较慢。而且，也正是由于地球质量而产生的时空形变则表现为引力，从而能够使月球（或人造卫星）一直围绕我们运转。

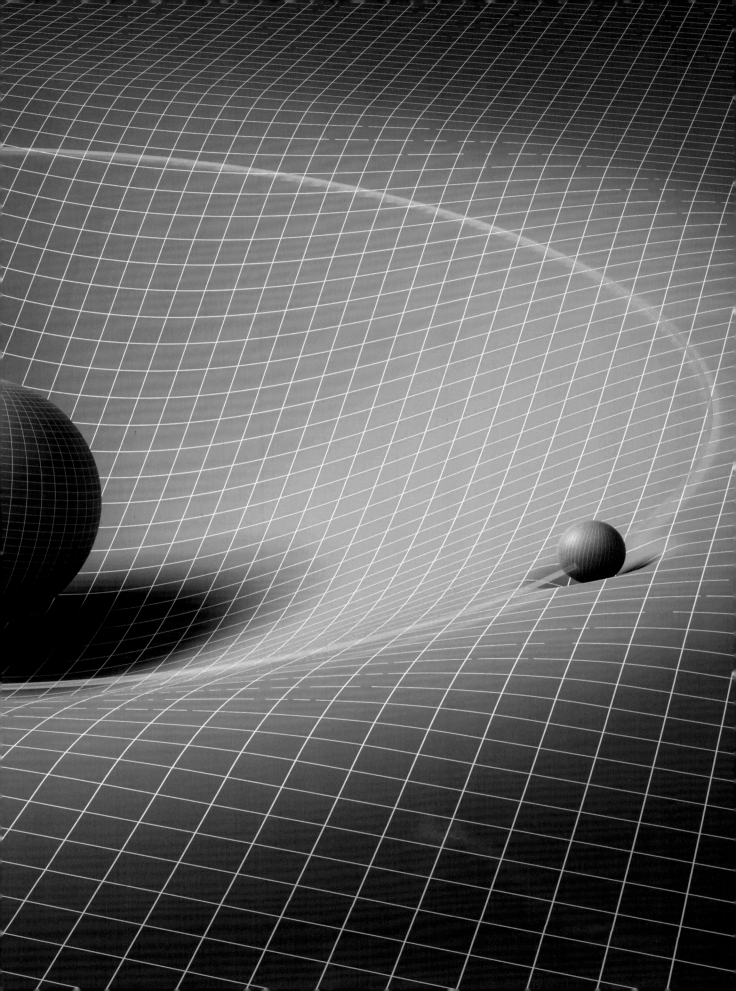

上图 位于柏林的马克斯·普朗克物理研究所，前身是威廉皇帝物理研究所，爱因斯坦从1914 年起担任该所所长，同时发展广义相对论。

右图 爱因斯坦广义相对论论文的第一页。图片来源：《普鲁士皇家科学院院刊》，柏林。

但是我们在自己的位置上却感受不到曲率①的影响。好吧，啰唆了这么多——非专业领域的人可能已经快要睡着了——我们所关心的其实是相对论对于理解宇宙现象的意义。所有的一切都包含在一个方程中，它概括了广义相对论的主要内容，被称为"爱因斯坦场方程"②。这是一组由各种数学符号构成的等式，由于结构过于复杂，所以只出现在大学高年级的相关课程当中；然而，复杂的外表之下，却又隐藏着一种令人卸下所有心防备的简单。科学的美与艺术性恰恰由此体现。数学语言是工具，是我们用来描绘眼中自然之景的画笔，我们通过数学公式将大自然量化成一个个数据和公式，而由此重建出的结果往往又超乎我们的想象。和诗一样，这些等式也应当被阅读与诠释。尽管从数学角度出发，这些定律的运用也许十分复杂，但符号所表达的概念却并不难理解；在后面的章节中，我们要做的正是跳脱出那些代数方程的束缚——我们不去关心那些数字、字母到底代表什么——用言语去描述爱因斯坦的这一方程，领略其美妙的本质以及它在宇宙学中的重要作用。

时间与空间

整个相对论的框架建立在空间和时间的概念上。我们习惯于将这两种参量作为外在于自然和现实本身的独立实体去感知。根据我们的感觉，某个物体的大小以及某件事的时长——比如表针转动——不应因我们的位置而改变。比如，一张一平方米的桌子，我们会默认，不论把它放在地球上看、带到月亮上看、放在黑洞旁边看，还是拿到另一个星系里看……它的样子都不会发生改变。而这正是错

---

① 曲线的曲率（curvature）就是针对曲线上某个点的切线方向角对弧长的转动率，通过微分来定义，表明曲线偏离直线的程度。

② 爱因斯坦场方程即引力场方程。引力场方程是指描述引力场的时空几何量，作为引力场源的物质能量动量张量的方程。这个方程反映了爱因斯坦的马赫原理的思想。

Die Feldgleichungen der Gravitation.

Von A. Einstein.

In zwei vor kurzem erschienenen Mitteilungen[1] habe ich gezeigt, wie man zu Feldgleichungen der Gravitation gelangen kann, die dem Postulat allgemeiner Relativität entsprechen, d. h. die in ihrer allgemeinen Fassung beliebigen Substitutionen der Raumzeitvariabeln gegenüber kovariant sind.

Der Entwicklungsgang war dabei folgender. Zunächst fand ich Gleichungen, welche die Newtonsche Theorie als Näherung enthalten und beliebigen Substitutionen von der Determinante 1 gegenüber kovariant waren. Hierauf fand ich, daß diesen Gleichungen allgemein kovariante entsprechen, falls der Skalar des Energietensors der »Materie« verschwindet. Das Koordinatensystem war dann nach der einfachen Regel zu spezialisieren, daß $\sqrt{-g}$ zu 1 gemacht wird, wodurch die Gleichungen der Theorie eine eminente Vereinfachung erfahren. Dabei mußte aber, wie erwähnt, die Hypothese eingeführt werden, daß der Skalar des Energietensors der Materie verschwinde.

Neuerdings finde ich nun, daß man ohne Hypothese über den Energietensor der Materie auskommen kann, wenn man den Energietensor der Materie in etwas anderer Weise in die Feldgleichungen einsetzt, als dies in meinen beiden früheren Mitteilungen geschehen ist. Die Feldgleichungen für das Vakuum, auf welche ich die Erklärung der Perihelbewegung des Merkur gegründet habe, bleiben von dieser Modifikation unberührt. Ich gebe hier nochmals die ganze Betrachtung, damit der Leser nicht genötigt ist, die früheren Mitteilungen unausgesetzt heranzuziehen.

Aus der bekannten Riemannschen Kovariante vierten Ranges leitet man folgende Kovariante zweiten Ranges ab:

$$G_{im} = R_{im} + S_{im} \tag{1}$$

$$R_{im} = -\sum_l \frac{\partial \begin{Bmatrix} im \\ l \end{Bmatrix}}{\partial x_l} + \sum_{l\varrho} \begin{Bmatrix} il \\ \varrho \end{Bmatrix} \begin{Bmatrix} m\varrho \\ l \end{Bmatrix} \tag{1a}$$

$$S_{im} = \sum_l \frac{\partial \begin{Bmatrix} il \\ l \end{Bmatrix}}{\partial x_m} - \sum_{l\varrho} \begin{Bmatrix} im \\ \varrho \end{Bmatrix} \begin{Bmatrix} \varrho l \\ l \end{Bmatrix} \tag{1b}$$

[1] Sitzungsber. XLIV. S. 778 und XLVI. S. 799. 1915.

上图 黑洞效果图；黑洞是爱因斯坦相对论结果发展到极致时空形成的时空区域之一。

误所在，空间和时间不是绝对的，而是取决于我们观测它们时所处的背景，即参考系。两者并非游离于宇宙之外，相反，它们是宇宙的基本组成部分，是自然的属性，有点像物体的颜色或形状。它们同宇宙一起诞生，一起演变；因此，它们的值当然也会随着我们观测点的变化而变化。这也是为什么像"宇宙诞生之前有什么？"或"宇宙之外有什么？"这些问题是无意义的。在宇宙"之前"……没有时间，所以不存在宇宙"之前"。同样，在宇宙"之外"，我们无法谈论空间，因此，也没有宇宙"之外"！

相对论的一个关键成果在于，空间和时间不能再被视为界限分明、彼此独立的参量，而应当是一枚.硬币的两面，能够在一定的情况下"互换角色"。在这一点上，我们领略到了爱因斯坦那伟大的直觉，他将包罗万象的宇宙解读为一种"床单"式的、由空间和时间结合而成的四维时空。这种结构在术语上称为"流形"①，其形状在每一点都由四个坐标代表的事件来定义，分别为三个空间坐标和一个时间坐标。这一结构被富有想象力地重新命名为"时空"，时间和空间在其中是等效的，它们紧密相连，交织在一起。如果我们愿意，我们可以用米做时间单位，用秒来衡量空间……的确，如果我们走进家具店问店员"有没有四纳秒②长的桌子"，对方可能会有点儿蒙，但这么问本身一点儿问题都没有。时空定义了宇宙的基础，它相当于宇宙的"骨架"，支撑并维系其中的各个部分。

① 流形（Manifolds）是可以局部欧几里得空间化的一个拓扑空间，是欧几里得空间中的曲线、曲面等概念的推广。
② 纳秒，时间单位。一秒的十亿分之一，等于 10 的负 9 次方秒（1 ns ＝ 10^{-9} s）。

试图制造出一个四维实体显然不切实际；这就是为什么当我们的大脑不能明确构思出未知事物的样貌时，就需要去借助数学。不过，在这里我们仅采用二维方式，用一条"床单"代表时空；也许一些物理学领域的"纯粹主义者"会认为这种表述从专业角度讲并不准确，但它仍不失为一种方法，帮助我们以简单和直观的方式来理解相对论。

让我们来想象一个空无一物的宇宙，没有物质，没有能量。现在就相当于把我们刚才说的"床单"均匀地铺展开来。此时，时空的结构是平的，也就是说，假设在这条床单的任意两点上各有一位观察者去测量空间与时间的话，他们会得出同样的结果。这种平坦宇宙空间也被称为闵可夫斯基空间①，是狭义相对论的基础；在没有外部干预的情况下，所有的点都代表惯性参考系。

现在让我们往这条"床单"上放点儿东西。可以是一本书、一支笔、一部智能手机或随便什么，我们会立刻看到，这条床单会根据我们放在上面的物体的轮廓而弯曲变形。换句话说，这一时空结构会被"床单"包裹的内容所改变。正如我们前面提到的，谈论质量和能量是一回事儿，宇宙中的任何成分都会产生显著或细微的曲率。这时，放置在不同时空区域中的两位观察者就将测量到不同的时间和空间值。从他们各自所在的角度看过去，另一时空里的事件会发生畸变——物体的形状会发生变化，时间流逝的速度会变慢或加快。

扭曲宇宙：引力

尽管听上去很荒谬，但这种理论上能够扭曲宇宙的力量是人类生活的组成部分之一。我们每天都能

---

① 闵可夫斯基空间是狭义相对论中由一个时间维和三个空间维组成的时空，它最早由俄裔德国数学家闵可夫斯基（H. Minkowski，1864—1909）表述。

GPS 与相对论

全球定位系统（GPS）是由卫星构成的网络，用于对地球上的物体进行三角定位，这项技术现在已经在许多电子设备（如智能手机和平板电脑）上实现。为了保证定位工作的顺利进行，卫星们必须"认识"到它们处在哪条"床单"上，是一种不同于地球表面的时空区域，因此它们对空间和时间的感知也存在差异。要是没想到这一点，一颗 GPS 卫星每天产生的位置误差可达数千米！

感知到它，就像前几章中介绍的在大范围内主导宇宙的力量一样，引力证明空间和时间不是绝对的，它们会被我们周围的物质和能量所改变。当运动中的物体处于一个受曲率影响的时空区域中时，其自身的运动路径将根据这片区域的"形状"发生偏移，这就是我们所说的引力。显然，在我们的日常活动中，它的影响似乎不值一提——当然，假设我们从高楼顶上跳下去，这时候地球引力的作用就会十分明显。换句话说，不论我们感觉到引力强弱与否，却都没有足够的曲率来明显改变对时间或空间的衡量。即便如此，相对论的结论却可以应用到我们日常使用的许多技术当中，特别是卫星技术。

因此，随着爱因斯坦理论的提出，引力获得了一种不同于以往的新内涵。与其说它是一种"力"，不如说它是一种将宇宙结构与内容联系在一起的几何效应。这正是广义相对论场方程所表达的概念，方程围绕"度规"[①]这一主要元素展开，它定义了时空的形状。如同音乐和文学般，度规以一种"韵律节奏"描述宇宙、界定两个事件之间的距离与间隔。本质上讲，它的作用在于告知我们在宇宙时空中移动时到达目的地所需的"步数"。

场方程将度规与处在所观测宇宙中的物理参量类型联系起来；本质上，它使我们明白，"时空的几何结构由其中存在的物质和能量决定"。然而，不要忘记，一个等式也可以被反向解读；换句话说，"宇宙中存在的物质和能量受到其几何结构的影响"也是事实。这两个简单直白的句子，概括了人类历史上最重要的理论之一。当然，从数学的角度去解释广义相对论可一点也不简单：首先，场方程不是"一个"公式，而是整整"十六个"必须同时解出的方程。的确，方程中出现的物理参量不是由简单的数字来表达的，而是由更复杂的名为"张量"的代数表示，它们可以用来代替量级巨大的数字；在这种情况下，张量的每个分量都代表一种四个维度可能的组合方式。总共有 4×4 也就是 16 种组合方式。一般情况下，我们会设想一种场景，确定我们想要放入宇宙中的物质特征，并试着推导出能够确定度规——即时空结构——的 16 个数字。类似这样的计算数据篇幅多达数 10 页，令理论家们如痴如狂。

爱因斯坦场方程中还包含一个通常以符号 Λ（lambda）表示的术语，乍看之下，它的物理学释义并不明确。换句话说，这个元素是应该被视为宇宙结构的一个方面呢，还是说它是宇宙内容的组成部分呢？想弄清这一点并非易事。

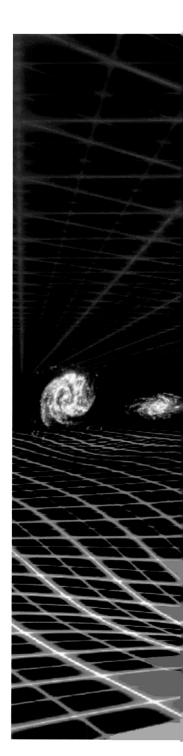

---

① 度规（metric），亦称距离函数，数学概念，是度规空间中满足特定条件的特殊函数，一般用 d 表示。度规空间也叫做距离空间，是一类特殊的拓扑空间。

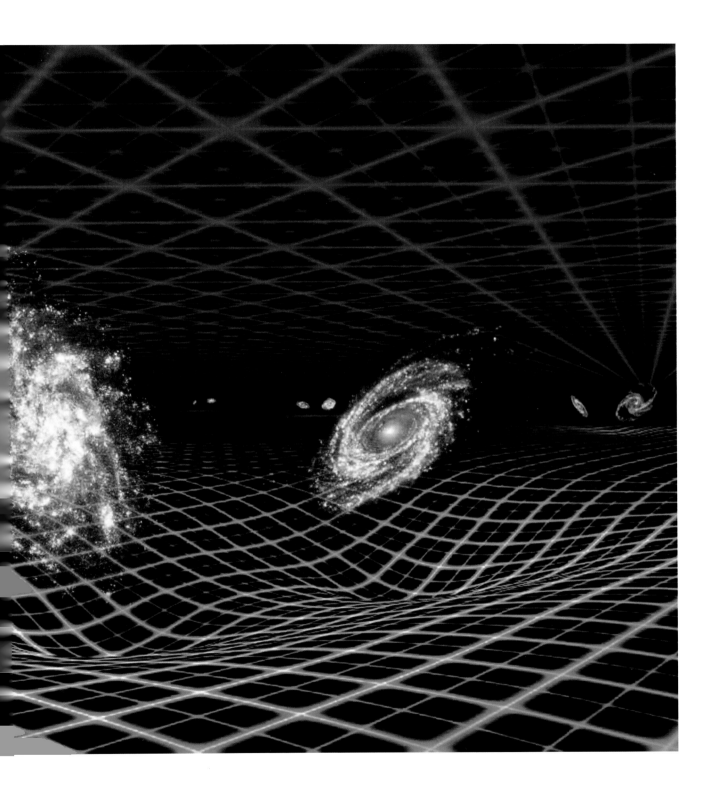

上图 由星系引起的宇宙时空结构（绿色网格）形变
效果图。图片来源：美国国家航空航天局。

引力测试

　　意大利航天局的激光相对论卫星（LARES）由罗马大学设计，自 2012 年以来一直在轨道上运行，目的是测试广义相对论的一些结果。利用 LARES，科学家们正在试图研究"引力拖拽效应"（Lense-Thirring），即质量巨大的物体（如我们的星球）在自转时拖拽周围时空的可能性。LARES 没有任何电气系统、天线、传输系统、推进系统，它只有 92 面镜子，用于反射从地球发来的激光。通过测量激光往返地球所需的时间，可以非常精确地确定卫星的位置，从而能够凸显地球引力场的极细微变化。

● 图片来源：欧洲航天局 - S. Corvaja。

爱因斯坦场方程

整个广义相对论的主要关系以一种高度压缩与符号化的方式将十六个二阶方程凝练在一起。它最常见的表现形式如下：

$$R_{\mu\nu} - \frac{1}{2} Rg_{\mu\nu} + g_{\mu\nu} L = \frac{8\pi G}{c^4} T_{\mu\nu}$$

其中，$R_{\mu\nu} - \frac{1}{2} Rg_{\mu\nu}$ 表示宇宙的几何构象，是常量 $g_{\mu\nu}$ 的函数。R 代表时空曲率，是常量间的相互组合。物质和能量的类型及属性则由术语 $T_{\mu\nu}$ 表示，它被称为"能量—动量张量"，使我们了解时空区域中存在什么以及它们的物理特性如何。等号左边的最后一项 $g_{\mu\nu}L$，包含爱因斯坦添加的宇宙学常数 Λ。等号确定了等式两边是相通的，也就是说，宇宙的结构和内容之间存在着联系。

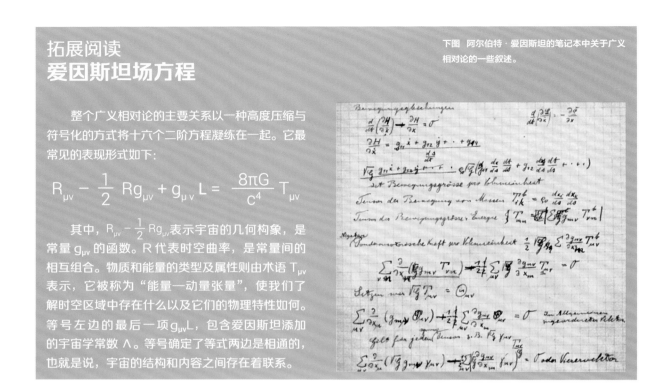

那么，它究竟代表什么？在场方程理论的第一次表述中还没有这个符号，不过后来它的出现却也没有改变方程的意义；也就是说，无论有没有它，等式都是成立的。这一符号被称为"宇宙学常数"[1]，由爱因斯坦亲自加入方程当中，至于原因我们很快就会明白。这个符号实际上是现代物理学的最大奥秘，是宇宙学领域大部分研究所围绕的中心。

弗里德曼方程 [2]

现在，我们从爱因斯坦的方程出发，去看看相对论在宇宙学中的应用。我们的目标是找到描述宇宙演变的公式，使我们得以了解它的过去并展望其未来。首先，让我们回顾一下第 26 页中 SDSS（斯隆数字巡天项目）展示的部分星系分布图；可以看到，在引力的作用下，物质分布在由细线构成的网格结构中，这些细线的交汇处是一簇簇星系团。但是，如果我们调整缩放级别，拉近距离，仅以所观测的本地宇宙为例，那么，宇宙，或者说宇宙中的物质，又会是什么样子呢？

从整体上来分析宇宙，就会发现一个相当有趣的现象，尽管这一观点似乎与附近物体如恒星和星系的排列规则相悖；总体而言，可见宇宙似乎是同质且各向同性的，也就是说，它的每个区域都有或多或

---

[1] 宇宙学常数（cosmological constant）或宇宙常数由阿尔伯特·爱因斯坦首先提出，目前常标为希腊字母"Λ"，与度规张量相乘后成为宇宙常数项 $\Lambda g_{\mu\nu}$ 而添加在爱因斯坦场方程式中，使方程式能有静态宇宙的解。

[2] 弗里德曼方程是广义相对论框架下描述空间上均一且各向同性的膨胀宇宙模型的一组方程。

下图"千禧模拟"项目中得出的宇宙物质分布图。图片来源：Springel et al., 2015。

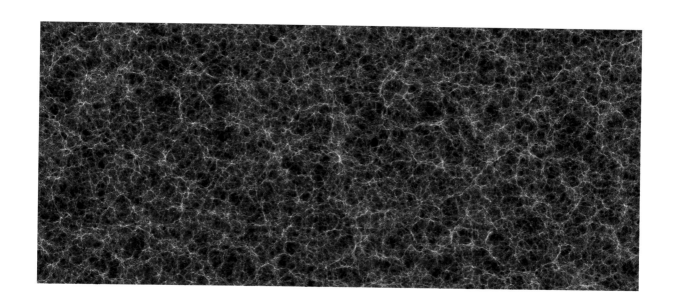

拓展阅读
爱因斯坦方程的第一个解

第一个确切解出广义相对论场方程的人不是爱因斯坦，而是德国天体物理学家卡尔·施瓦茨柴尔德，他在该理论发表几个月之后给出了一个答案。施瓦茨柴尔德推导出的是一个具有一定质量的球形物体周围的时空结构。在物体尺寸非常小的情况下，即质量基本集中在一点的情况下，该点之外的时空就会变得特殊。首先，他确定了一个名为"施瓦茨柴尔德半径"的距离范围，低于这个距离，包括光在内的宇宙中的任何物质都会被引力吸住，无法进行任何往返运动。而任何超出这个范围的物质则都注定要到达中心点；然而，在这里却无法界定时空。宇宙度规不复存在，就像是我们的那条"床单"上裂了一道口子；所有的物理参量都变得无限大，相对论定律也不再适用。这就是最简单的黑洞模型。

少的相同构象，没有任何一个区域优于其他区域。物质和能量会逐渐形成一种海绵状组织，就像一个巨大的布丁"摊开"在时空中，并且在每个方向上都是均匀分布的。

这就是宇宙学原理的内容，是宇宙研究的基点；它最初是由第一批试图在宇宙学领域使用广义相对论定律的科学家（包括爱因斯坦在内）提出的一种朴素猜想。然而，随后在数 10 亿光年范围内进行的观测（如普朗克协会在 2018 年进行的研究，还有卡洛斯·本加里研究团队与其合作者在 2019 年对射电源[①]的分析）检验并证实了宇宙学原理的有效性，该原理是现今每个宇宙模型的基本要素。

① 宇宙射电源的简称，即宇宙空间发出射电辐射的分立射电源。

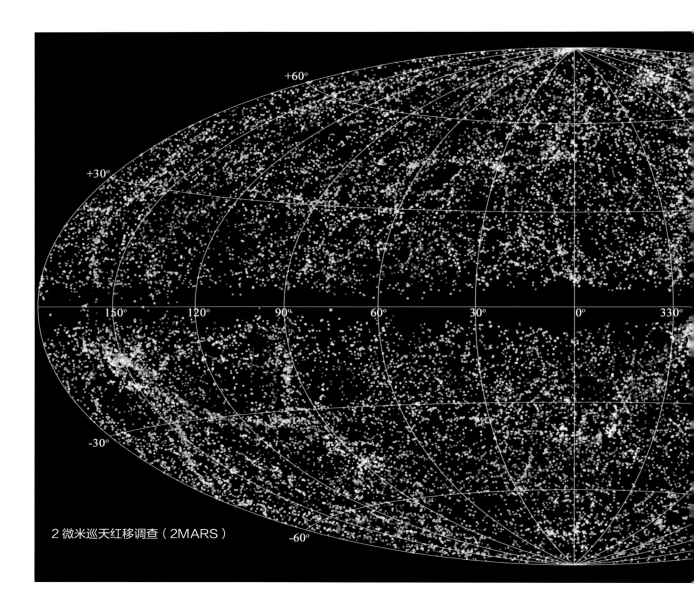

2 微米巡天红移调查（2MARS）

　　现在我们终于来到重点了，在爱因斯坦场方程中加入关于同质性和各向同性的信息之后，我们可以推导出弗里德曼方程，这两条定律定义了宇宙的整体演变；这组方程以俄罗斯数学物理学家亚历山大·弗里德曼的名字命名，他于1922 年率先推导出这两条定律。这组方程简直就像是一个地地道道的"面点配料表"。它们描述了一个被称为"比例系数"[①] 的数字随着时间演变的过程，该系数基于三种主要"配料"，它们分别是：宇宙物质的类型，宇宙的几何曲率（还是用那条"床单"去理解），以及爱因斯坦"手欠"加进去的宇宙学常数；代表

① 函数解析式中，如 y=kx(k 是不等于零的常数）的正比例函数，其中 y，x 分别是函数和自变量，常数 k 就是比例系数，又称作比例常数。

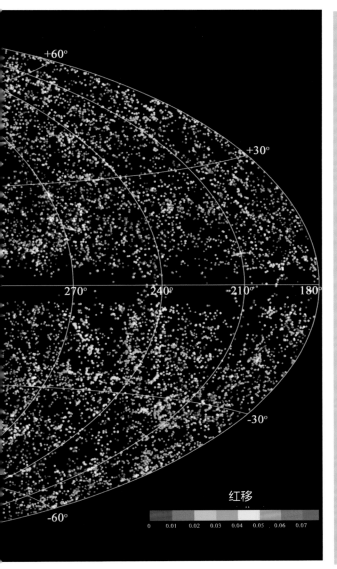

红移

0　0.01　0.02　0.03　0.04　0.05　0.06　0.07

拓展阅读
大辩论

　　20世纪初，邻近宇宙中的许多物体已经被观测到并编目。然而，关于它们的性质和位置仍存在很大争议。一些天文学家认为，整个宇宙仅由银河系组成，我们现在知道的外部结构（当时称为旋涡星云）实际上存在于我们的银河系内。这些天体的分类以及此后的可观测宇宙范围，是1920年4月26日天文学家哈罗·沙普利（下图左）和希伯·柯蒂斯（下图右）两人在一次著名的公开会面中所讨论的焦点问题，这场会面被称为"大辩论"。沙普利认为旋涡星云在银河系内，而柯蒂斯则坚信这些天体大多数——如仙女座星系——是银河系外的类银河系结构，距离银河系十分遥远。最终结果表明，柯蒂斯是正确的。

着宇宙的结构和大小。我们可以利用这些成分来定义最适合我们的宇宙模型，追溯其历史，并观察它在未来将如何变化。用一些我们所知的普通物质，加上一点光辐射，一些曲率，这个"面团"就揉好了！好了，我们的宇宙就做好了。

理论上有许多宇宙

　　想象力的丰富程度直接影响着我们所能构建出的宇宙模型数量。在许多大学和学校的教科书中，我们可以找到一些关于弗里德曼方程的著名解法，这些解法定义出了多种宇宙，它们各自有着不同的起源和不同的命运。它们有的是只有物质存在的扁平状宇宙，有的则呈折叠状——凹形宇宙（负曲率）

下图 通过改变弗里德曼方程数值得到的不同类型宇宙随时间演变的图表。X 轴代表时间，以十亿光年为单位；Y 轴代表标度因子比率，用字母 a 表示，作为对照，当前比例因子比率以 a_0 表示。该比率体现了宇宙结构从过去变化到当前状态的过程。Lambda-CDM 模型以红线表示，与观测结果一致。

右图 处在膨胀阶段的宇宙效果图。追溯宇宙膨胀的历史，最终可以回到原初一点——大爆炸。

乃至凸形宇宙（正曲率）。我们可以进而想到一个仅由宇宙学常数主导的宇宙，甚至是一个不存在任何事物的宇宙。

由此，我们也发现了爱因斯坦将宇宙学常数加入其方程的原因，即他坚信宇宙是静态的，它不会发生任何形式的演变，在时间上是稳定的。然而，如果只是通过将宇宙的曲率和物质等参量相结合，却只能得出宇宙处在膨胀或收缩的相关结论，而无法证明时空不变。为了解决这个棘手的问题，爱因斯坦使用了宇宙学常数来"使他的计算有道理"，在他精心构建的"配方"中，宇宙变化的速度为零，也就是说，宇宙不会膨胀。

每种宇宙模式的命运都是确定的。例如，一个由物质（普通物质或暗物质）组成的平坦宇宙将无限膨胀，但膨胀速度会越来越慢；而同一个具有正曲率的平坦宇宙，也被称为"封闭宇宙"[1]，在膨胀至最大程度后，会在所谓的"大挤压"[2]阶段坍塌；诸如此类。

然而，到目前为止，我们还只是在围绕理论做文章。但是我们十分清楚，理

---

[1] 宇宙模型，这个模型认为宇宙的平均密度足以终止星系膨胀，使宇宙进行收缩到大挤压（Big Crunch）阶段。
[2] 大挤压（亦称大崩坠，Big Crunch），是一个解释宇宙如何灭亡的过程，是由宇宙膨胀论延伸而来的，宇宙膨胀论认为，宇宙是从奇点膨胀而成的。

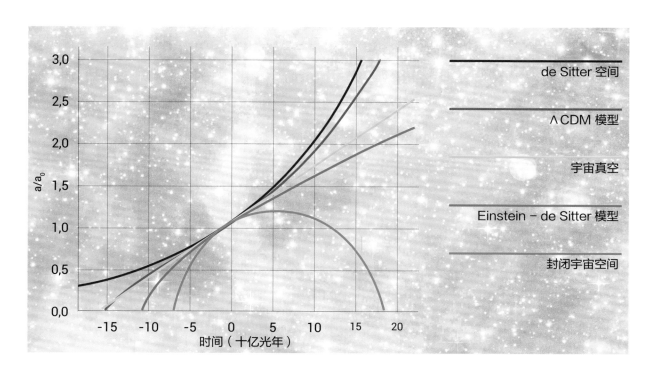

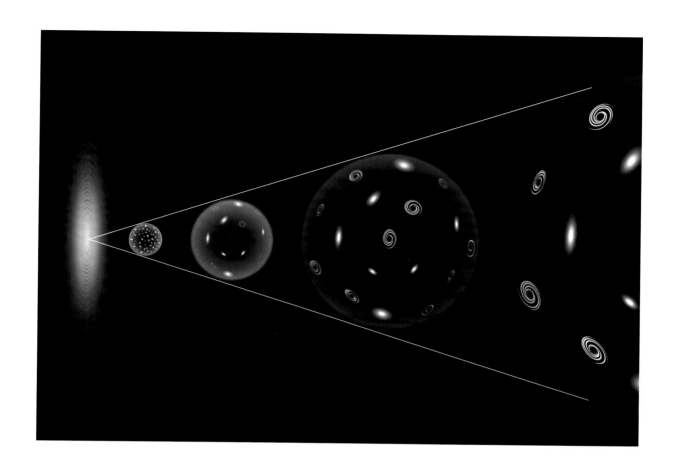

论再美，不与实际相结合的话就始终差点意思。宇宙不会按照我们的想法运行，它不会去迎合我们制定的法则。对周围自然现象的观察使我们有了辨别能力，引导我们一步步靠近那个以最准确方式描述现实的模型。具体说来，我们想尽一切办法去测量宇宙中的主要成分，这使我们能够从林林总总的可能性中筛选出那些与数据相匹配的模型；同样，如果我们能够确定宇宙此刻正在发生什么，我们也许就会知道它所包含的内容。

在进一步探索以观测结果为基础形成的宇宙学历史之前，我们必须要注意到关于宇宙可能类型的最后一个细节。

如果排除爱因斯坦设想的静态时空，所有科学上合理的膨胀宇宙模型无论未来如何发展，过去它们都有一个共同点，即一个"奇点"①，一个比例因子尚不存在的原初时刻。也就是说，宇宙本身在那一瞬间归零。一些笼统的数学计算表明，一些物理参量，如物质和能量，其密度或温度会随着向奇点的靠近而无限增长。一个无限小、极热、极密的初始宇宙，由一个无维度的点产生，那就是大爆炸。

① 奇点是天体物理学概念，认为宇宙刚生成时的那一状态。

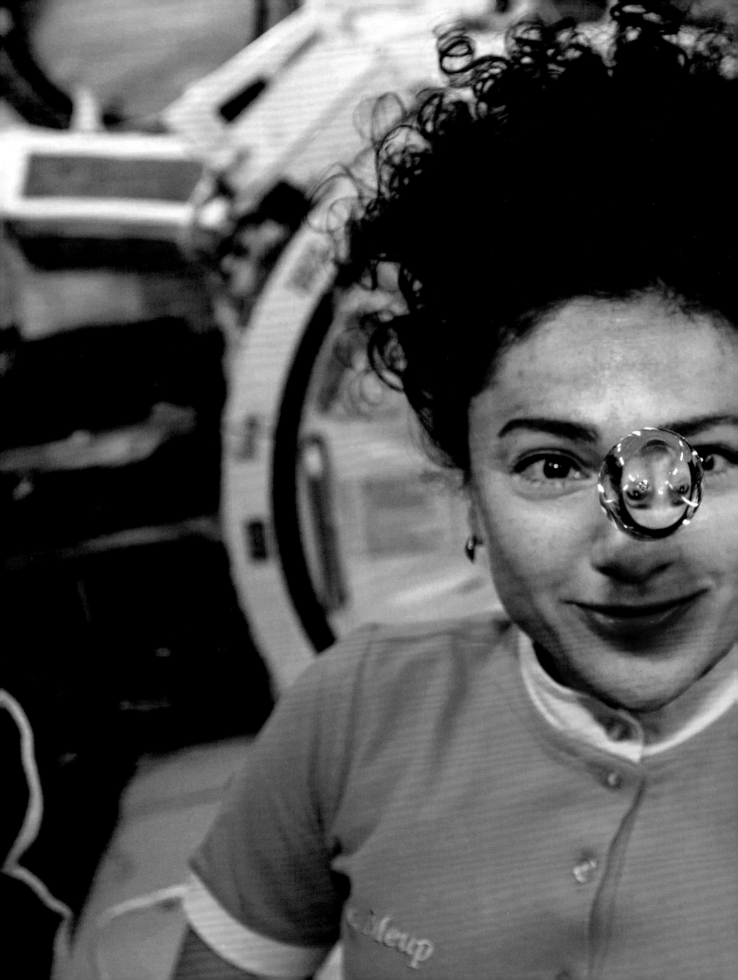

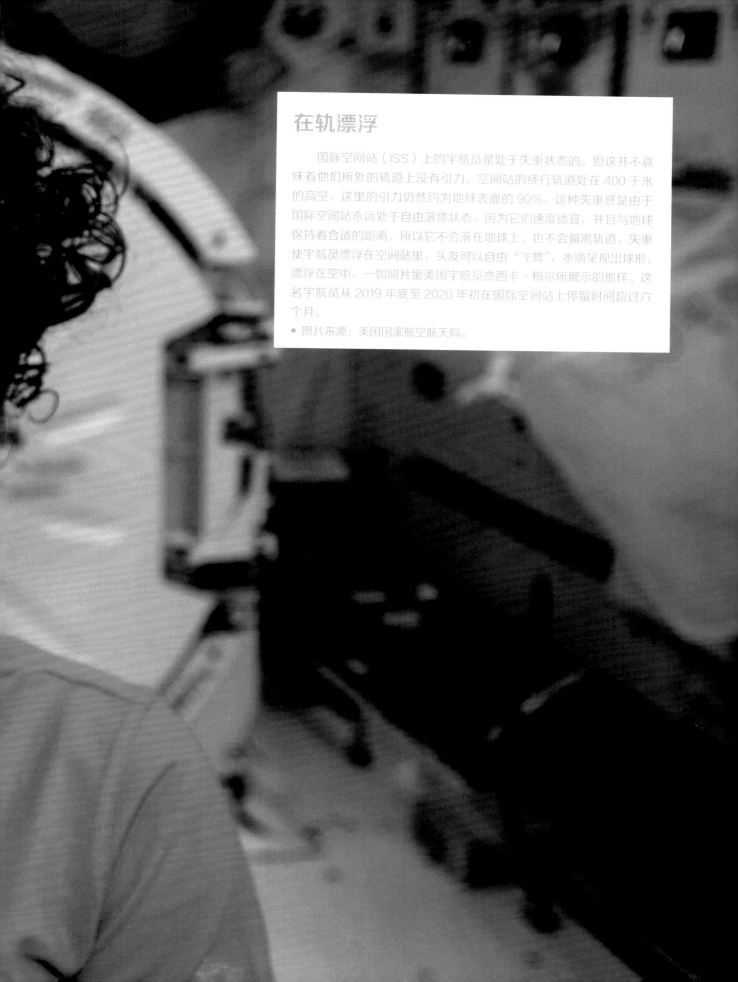

在轨漂浮

　　国际空间站（ISS）上的宇航员是处于失重状态的。但这并不意味着他们所处的轨道上没有引力。空间站的绕行轨道处在 400 千米的高空，这里的引力仍然约为地球表面的 90%。这种失重感是由于国际空间站永远处于自由落体状态，因为它的速度适宜，并且与地球保持着合适的距离，所以它不会落在地球上，也不会偏离轨道。失重使宇航员漂浮在空间站里，头发可以自由"飞舞"，水滴呈现出球形，漂浮在空中，一如照片里美国宇航员杰西卡·梅尔所展示的那样。这名宇航员从 2019 年底至 2020 年初在国际空间站上停留时间超过六个月。

● 图片来源：美国国家航空航天局。

第四章

膨胀中的宇宙
——让我们来模拟大爆炸！

我们以"大爆炸"作为理论基础，借助愈加精密的仪器持续对太空进行观测，从而得以研究宇宙，验证它处在膨胀之中并理解其组织结构。

上图 名为"哈勃超深场"
（Hubble Ultra Deep Field）
的宇宙区域，位于天炉座。该
区域中大约有 10000 个星系，
其中最遥远的在 130 亿光年之
外。图片来源：美国国家航空
航天局，欧洲航天局，and S.
Beckwith（空间望远镜研究
所）and HUDF Team。

前页图 大爆炸效果图。

在前一章里，通过使用弗里德曼方程，我们可以像做数学游戏一样推导出自己的宇宙模型；而现在，我们需要弄明白如何通过观测以真正确定宇宙是否在演化。采用现有仪器，我们能否将宇宙膨胀产生的影响可视化与量化？

答案不仅是能，而且只要借助一点研究理论和几个不算太难操作的设备，我们每个人都能够直接验证。为此，我们需要一个好一点儿的望远镜，还有一个分光仪，它能够将混合光中不同颜色的光束区分开来。然后，我们需要选择一些星系样本，用我们的设备进行观测。先来 50 个吧，也别太多。接下来，我们需要计算这些星系与地球间的距离以及它们的运转速度。怎么样，是不是很简单？

好了好了，不要觉得我是在故意拿大家解闷儿；要知道，刚才的一系列步骤，其实正是埃德温·哈勃[①] 先生在 1929 年使用威尔逊山天文台胡克望远镜时的做法，该天文台位于洛杉矶帕萨迪纳镇附近，海拔约 1700 米。

---

① 埃德温·鲍威尔·哈勃（Edwin Powell Hubble，1889 年 11 月 20 日—1953 年 9 月 28 日），美国著名天文学家，研究现代宇宙理论最著名的人物之一，星系天文学的奠基人和提供宇宙膨胀实例证据的第一人。

星系与光

有人也许会问：仅凭望远镜观测一个小小的亮点，我们就能测得数百万（或数千万）光年之外的星系运行速度吗？事实上，我们所需要的全部信息都包含在了由这些星系发出并由我们的仪器所收集到的光束当中；但是为了能够明白我们正在谈论的信息是什么，首先必须要明确光的定义。尽管光的概念可以说是我们存在的基础，但要对其进行定量描述却绝非易事。

在科学领域，我们会用另一个词来指代光，这个词我们很熟悉，在日常生活中经常使用，但有时也会与一些消极、危险的东西联系在一起，让人感到害怕。光在专业层面上被称为电磁波，是一种电场和磁场产生的振荡粒子波，能够在空间和时间中传播。与声波或水波等需要介质来传播的机械波[1] 不同，电磁波即使在真空中也能传播，且速度——"光速"——永远保持不变。说实话，这里用"光"这个字其实并不准确，我们说的"光"其实只是这种波（科学家称之为"电磁波谱"[2]）的一部分可见光，即我们可以用肉眼直接观察到的那部分波。

光携带有能量。波的密度越大，每秒重复的次数越多（换句话说，频率越高），其能量就越大。反之，波的密度越小，能量也就越小。在可见光中，红色代表低能量，而蓝色和紫色则代表光的能量较高。我们本能地认为红色往往与热、能量有关，而蓝色则与冷有关，而事实却恰好相反。

---

① 机械振动在介质中的传播称为机械波（mechanical wave）。
② 人们将电磁波按照它们的波长或频率、波数、能量的大小顺序进行排列，这就是电磁波谱。

世界上最大的望远镜!

继直径达 1.5 米的黑尔望远镜之后，胡克望远镜成为威尔逊山天文台建造的第二台大型望远镜。它于 1917 年 11 月 2 日投入运行，由于其镜面直径达 2.5 米，因而几十年来一直保持着世界最大望远镜的纪录。1948 年，同样在加利福尼亚，帕洛玛山天文台 5 米口径望远镜落成，这一纪录也宣告作古。

右图 1917 年，沿威尔逊山收费公路运输的胡克望远镜镜面。

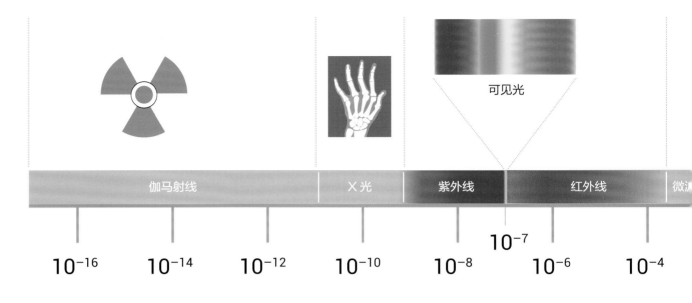

可见光

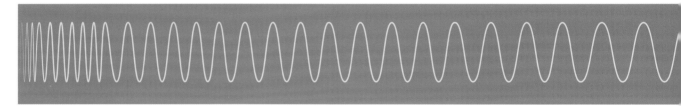

愿意的话，我们也可以想象电磁波由许多被称为"光子"[1] 的能量粒子组成，或者像物理学家一样称它们为"电磁场量子"[2]。

但电磁波并非只以紫色和红色作为终结。现在我们来谈谈携带更大能量的电磁波，例如紫外线，我们的肉眼无法观察到它，但它会使我们晒黑。再提升一些强度的话，我们还有 X 射线和伽马射线，它们都由高能量光子构成。

而能量次于红光的电磁波则包括红外线、微波和无线电波。例如，我们的身体会发出红外辐射；如果我们要是能看到这种光，那我们的外表看起来会非常亮，这就是为什么一些夜间监控设备使用的都是红外摄像机。

哈勃定律 [3]

现在让我们回归正题：如何通过光来计算天体、恒星、星云或星系的运转速度呢？其实，一种每天

① 光量子，简称光子（photon），是传递电磁相互作用的基本粒子，是一种规范玻色子，在 1905 年由爱因斯坦提出，1926 年由美国物理化学家吉尔伯特·路易斯正式命名。

② 量子（quantum）是现代物理的重要概念。即一个物理量如果存在最小的不可分割的基本单位，则这个物理量是量子化的，并把最小单位称为量子。

③ 在物理宇宙学里，哈勃—勒梅特定律又指遥远星系的退行速度与它们和地球的距离成正比。这条定律原先称为哈勃定律，以证实者埃德温·哈勃的名字命名。

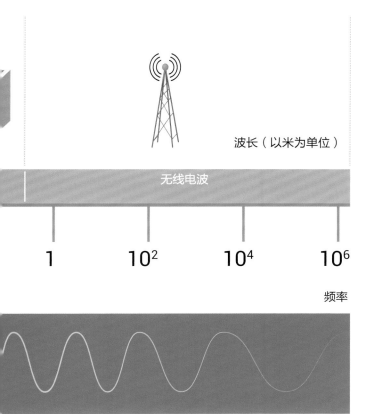

上图 埃德温·哈勃。图片来源：欧洲航天局。

左图 电磁波谱图像。可见光只占很小一部分。

都能体验到的声波效应可以帮助我们实现这一目标。

我们站在路边，一辆汽车疾驰而过，我们会听到汽车在靠近时声音会变得尖锐（即声波的频率增加，变得更"密集"）；而当汽车远离我们时声音会变得低沉（频率降低，声波变得更宽）。这种现象被称为多普勒效应，它使我们明白，波长会根据波源相对于观测者的速度与方向变化而发生变化。

同声波一样，光波也会出现类似情况，不过这一次，光波频率的变化体现在光的颜色上。具体来说，就是一个正在靠近的发光体看上去会显得比平时更蓝，而一个正在远离的物体则往往会发红。哈勃在观察一组星系光谱颜色时注意到了这一不断向红端移动的过程（即红移现象[①]）。换句话说，所有的星系似乎都在远离我们。不仅如此，越是那些遥远的星系，它们远离我们的速度也更快。也就是说，天体表现出一种共同的退行运动，这种运动的速度与它们同我们之间的距离成正比。

这一轰动性的发现被转化成为一种数学关系，称为"哈勃定律"或"哈勃—勒梅特定律"：$v=Hd$，宇宙中物体相互远离的速度 v 与物体所处的距离 d 成正比。H 这一量值被称为哈勃常数，它决定的是宇宙膨胀速度。哈勃常数由埃德温·哈勃在观测了 46 个星系样本后得出，但由于距离校准有误，当时测出的常数数值几乎是现在公认值的 8 倍。

哈勃常数彻底改变了人类研究宇宙的方式。它首次确认了宇宙膨胀理论的正确性，在接下来的几年

---

① 红移现象在物理学和天文学领域，指物体的电磁辐射由于某种原因频率降低的现象，在可见光波段，表现为光谱的谱线朝红端移动了一段距离，即波长变长、频率降低。

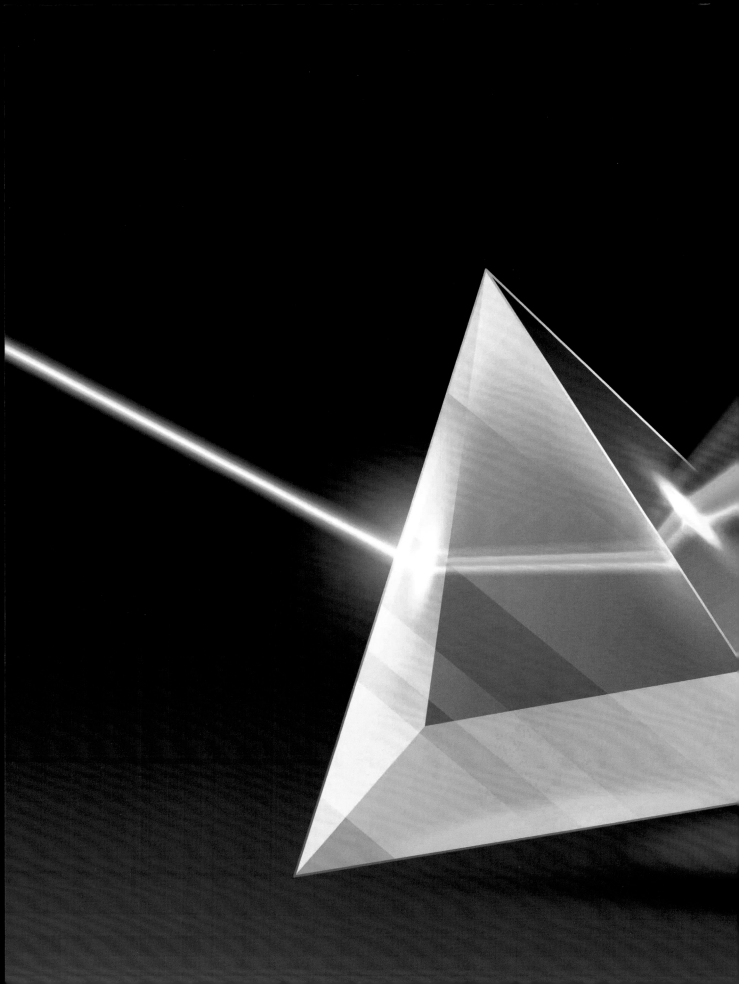

绚丽彩光

　　天文学中采用分光镜根据星系红移情况测量其距离。基于色散棱镜原理，这种光学仪器将入射光分离成各种颜色：紫色光红移最大，红光红移则最小。分离的结果被称为"光谱"。分析某个星系的光谱时，不同的颜色区间内有一些深色的线（文本框内），这些线对应着星系本身所包含的各类化学元素。通过分析这些线与在实验室得到的参考线之间的位置关系，可以测得它们的红移程度。根据这些数据，再运用哈勃定律计算出该星系的退行速度，进而计算出它与地球间的距离。

吸收光谱

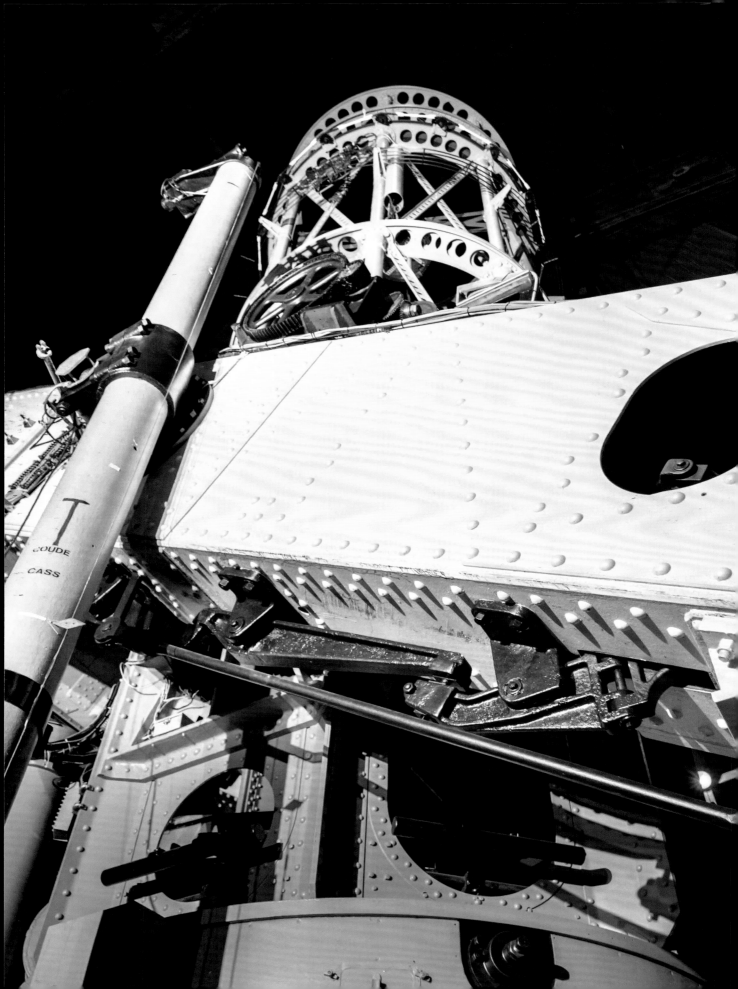

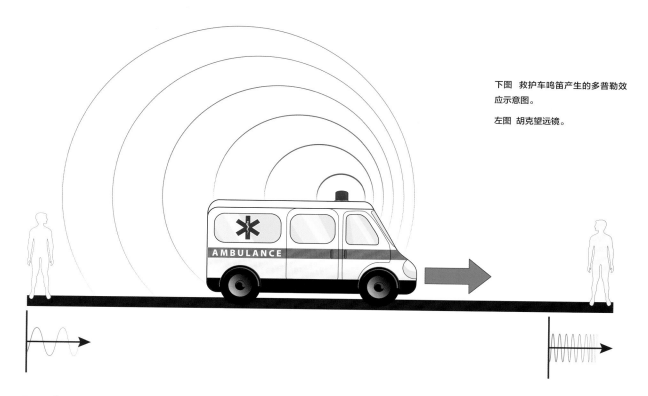

下图 救护车鸣笛产生的多普勒效
应示意图。

左图 胡克望远镜。

里，该理论被重新改写和进一步验证，成为今天宇宙学标准模型的核心。至于引入宇宙学常数来证实静态和不变宇宙理论的爱因斯坦怎么样了呢？据说，当宇宙膨胀理论被证实后，爱因斯坦从广义相对论场方程中删除了他的宇宙学常数，称其为"我一生中最大的错误"。遗憾的是，他并不知道，删除这一令他感到失望的常数，才是他真正的错误。

宇宙的年龄有多大？

尽管被称为哈勃常数，但它绝不是一个常量！相反，宇宙学研究表明，哈勃常数会随着时间的推移而变化；也就是说，宇宙膨胀的方式并不总是相同，它在不同时期会有不同变化。一方面，通过对距离较近的天体进行测量——以哈勃的观测为例——我们得到的是现今的常数值，即它在我们这个时代的数值。另一方面，从更远距离和更大范围上对宇宙进行详细研究，则能够确定该参数随时间演变的过程，从而确定宇宙自身的膨胀过程。

哈勃和勒梅特

一般来说，大家都认为是埃德温·哈勃发现了宇宙局部膨胀的现象。然而，在 1927 年，一位名叫乔治·爱德华·勒梅特的比利时牧师和数学家在一份法语科学杂志上发表了一篇文章，同样从宇宙学角度出发，他得出了与哈勃相同的结论，但比哈勃更早两年。遗憾的是，由于这篇文章在比利时以外地区的发行量不大，以及勒梅特极其谦虚低调的性格，这篇文章并未激起多大水花。不过，现在他已经是公认的宇宙学之父之一。

上图 比利时神父、天文学家乔治·爱德华·勒梅特。

现有哈勃常数数值也能够帮助我们粗略估算宇宙的年龄。稍微懂一点物理学的人都知道，"时间"这一参量可以定义为距离除以速度。而在哈勃定律中，H等于速度除以距离，即时间的倒数。倘若哈勃常数在整个宇宙历史（不断膨胀）中真的保持了不变，那么1/H 所表示的就会是宇宙的确切年龄。

对本地宇宙 H 值的最新测定结果为 72—73 千米/秒/百万秒差距，其中"百万秒差距"是一个长度单位，相当于 326 万光年。实际上，一百万秒差距以外的天体由于自身膨胀效应，远离我们的速度高达每秒72 千米！

像前面说的那样，我们用 1 除以 H，就能计算出宇宙是一个已经 140 亿岁的"老顽童"。然而，考虑到宇宙的膨胀率在整个宇宙历史中经历了一系列变化，以更为精确的方式得到的测量数据——如同 2018 年普朗克协会的测量结果——则要稍稍低一些，是 138 亿年。当然，不管是 140亿还是 138 亿，这个数字都是人类在地球上发展和进化历程的数百万倍。事实上，我们只是宇宙中的一粒尘埃，是宇宙历史长河中一滴微不足道的小水滴。

热大爆炸宇宙模型

从 20 世纪 20 年代初开始，在现代宇宙学领域中，各种基于弗里德曼方程的

上图　宇宙大爆炸效果图；不过，它并非真正意义上的爆炸。

宇宙模型蓬勃发展；随着哈勃研究成果的发表，这些模型主要致力于解释宇宙膨胀——星系红移现象得以证实这一点。

　　第二次世界大战之后，主流宇宙模型分成了两大阵营，双方都以宇宙膨胀理论为基础。一方认为，宇宙始于某个单一的点，它的能量巨大到无法想象，是时间和空间的原点；根据这一模型，在宇宙之初，所有粒子都成对存在于一种炙热、呈羹汤样的原初混沌中。之后，宇宙继续膨胀，逐渐冷却，直至其中的各个元素分离并形成今天的结构。

　　乔治·勒梅特在 1927 年率先提出了这一想法，他认为宇宙起源可以追溯到一个"原始原子"，希腊语写作 àtomos，意为"不可分割"，一切由此产生。1948 年，乔治·盖莫夫与同事拉尔夫·阿尔菲以及罗伯特·赫尔曼进一步丰富了勒梅特的设想，认为在极密极热的原始宇宙中，可能发生了原初

拓展阅读
哈勃常数难题

　　测量哈勃常数当今值的方法有许多。例如，可以观测距离不超过 10 亿光年即本地宇宙中的天体，而且这时观测到的宇宙自然也更"年轻"。还可以分析大爆炸后发出的第一道光即背景辐射。这是一种通过观察更大范围和更远时间（几乎是宇宙起源）得出当前宇宙哈勃常数的方法。奇怪的是，在使用相同参数的情况下，第一种方法测得的数值超过 70 千米 / 秒 / 百万秒差距，而采用第二种方法得到的结果却是 67 千米 / 秒 / 百万秒差距。两种测量方法都非常精确，误差很小，但是这两个数据不可能都对啊！目前，针对这种奇怪的现象存在一些理论，但仍然没有可信定论，这表明宇宙学模型在物理学方面可能仍存在一些缺陷。

下图 古老星系 MACS 1149-JD，其红移值非常高，约为 9.6，相当于 132 亿光年；我们所观测到的该星系辐射产生于宇宙形成后 6 亿年。

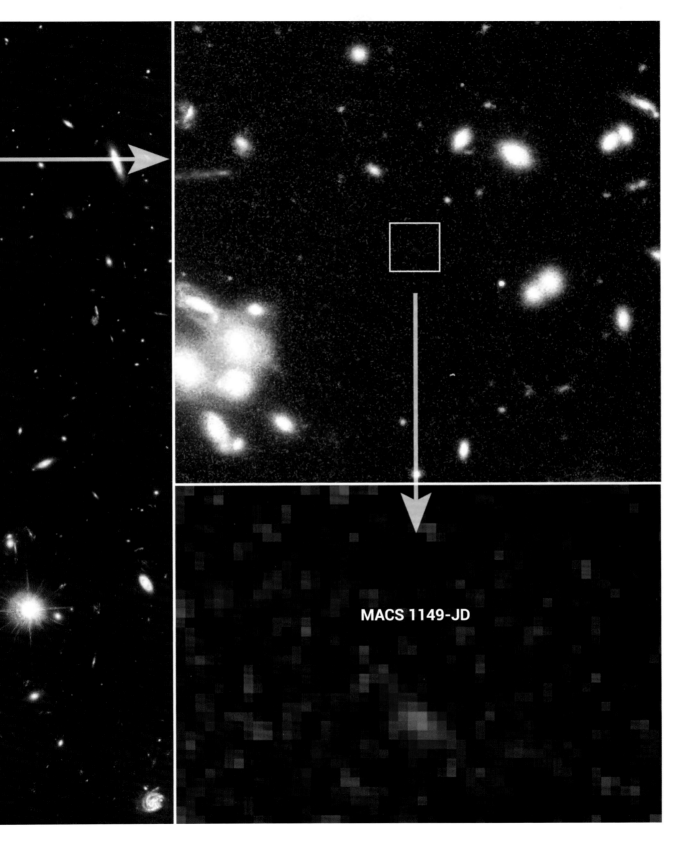

MACS 1149-JD

"疲惫"的光

包括瑞士天文学家弗里茨·兹威基在内的一些科学家提出，可以在不改变时空
结构的情况下来解释宇宙学红移现象。具体说来，兹威基于 1929 年设想出了一种"疲
惫的光"，这种光从遥远的星系发出，在到达地球的途中与物体相互作用，逐渐失去
其能量，变得越来越红。然而，尚未有观测结果能证实这一假设。

核合成 [1] 反应，产生了氢（及其同位素）、氦和锂等较轻化学元素。这些科学家们还预测，在宇宙原初
发射出的光如今仍有可能被观测到，但其能量在宇宙膨胀的过程中已被大大削弱，从而只能以微弱的
残余辐射形式分散在天空中。这一观点后来被统称为"热大爆炸模型"，成为宇宙学标准模型中的又一
座里程碑。

---

[1] 宇宙大爆炸后 100 秒左右发生的宇宙范围内的核反应被称为原初核合成，为宇宙大爆炸理论的组成部分，其对氦丰度的解释与观测符合度很高。

上图 罗伯特·威尔逊（左）和阿诺·彭齐亚斯（右）
两人在 1964 年发现背景辐射时所用的天线。

　　而以天文学家弗雷德·霍伊尔为代表的"反方"阵营则提出了"稳恒态理论"。根据该假设，宇宙
应该是在膨胀，但与此同时我们所观测到的天体在时空上却总是保持不变。这就是他提出的"完全宇
宙学原理"①，是宇宙学原理的加强版，其中同质性和各向同性的假设也适用于宇宙时间演变。实际上，
宇宙既没有起点也没有终点，在其存在的各个时间阶段呈现出相同的结构，始终处在一种连续、恒定
的膨胀（这里不要与"静态"一词相混淆）。根据弗里德曼的方程，没有任何已知物质可以做到这一点；
为了解决这一谜题，霍伊尔假设宇宙在膨胀过程中能够不断创造新物质。这一想法很大胆，但产生的
物质数量恐怕微不足道——就好比在地球上每一百万年出现一粒沙。不过，霍伊尔认为这一设想无论
如何都比大爆炸更有意义。的确，他曾经说过："比起'宇宙诞生于一个点'这种说法，我觉得'宇宙
每年产生一个氢原子'这件事儿更容易接受。"

① 完全宇宙学原理是宇宙学原理的进一步推广。它的大意是：不仅三维空间是均匀的和各向同性的，整个宇宙在不同时刻也是完全相同的。

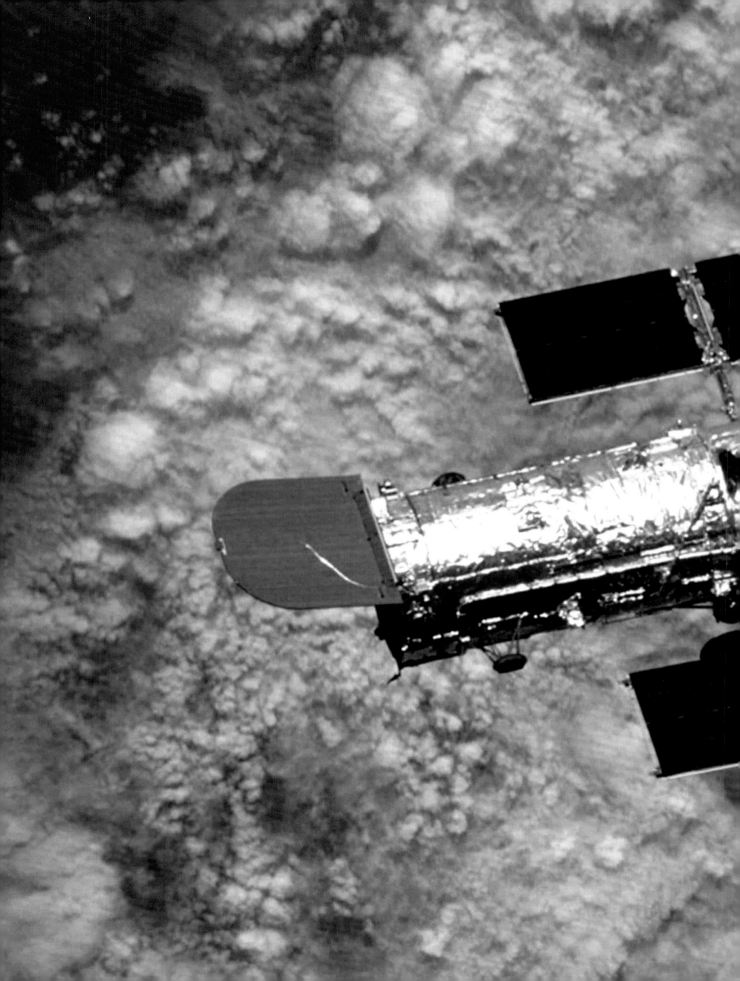

哈勃望远镜

　　哈勃太空望远镜是以发现宇宙膨胀的美国天文学家埃德温·哈勃的名字命名的。而且，与它之前的望远镜一样，这台仪器为天文观测带来了革命性的改变。哈勃望远镜于 1990 年被"发现号"航天飞机送入轨道。30 年来，它一直处在约 540 千米处的高空，凭借其直径达 2.4 米的主镜并利用其在地球大气层外的位置，获得了非常清晰的图像。1993 至 2009 年间，宇航员对该望远镜进行了五次"现场"维护。但自 2011 年航天飞机停止运行以来，相关维护也不再进行。

● 图片来源：美国国家航空航天局／欧洲航天局。

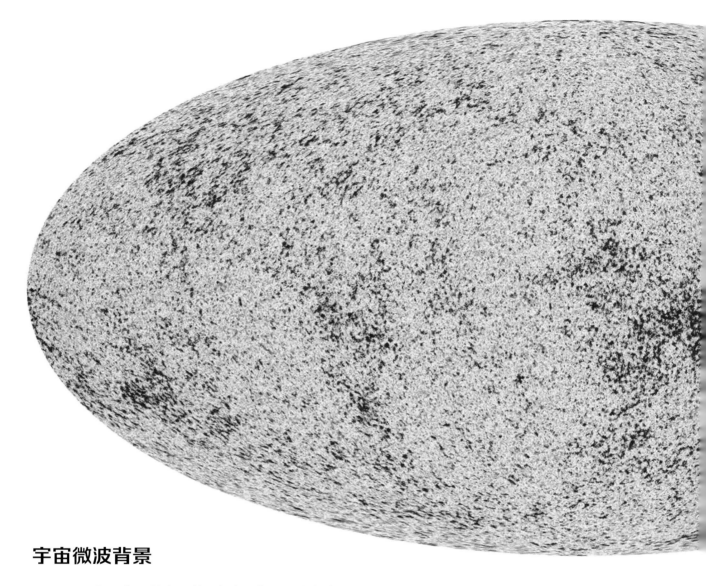

宇宙微波背景

　　1964 年，物理学家阿诺·彭齐亚斯和天文学家罗伯特·伍德罗·威尔逊有了一个相当不寻常的发现，这也许是热大爆炸理论战胜静态宇宙理论的最有力证据。两位科学家当时处在新泽西州霍尔姆德尔的贝尔实验室[①]中，正在调试一个直径为 6 米的巨大"喇叭形"天线，为的是探测从电信卫星反射回来的无线电和微波段电磁波。

　　在实验过程中，两人却注意到了一种奇怪的背景噪音，这是天线接收到的频率为 160GHz（千兆赫，或亿赫兹）的信号所产生的干扰，属于微波波段，比他们预测的来自周围环境的自然声波要强烈 100 倍左右。尽管两人多次试着排除所有可能影响观测的波源影响，却发现那个神秘的信号仍然存在。不仅如此，无论天线转向哪个方向，"背景光"的强度和频率都一样，这是一种有着同质性和各向同性的波谱……是不是很巧？

---

① 美国贝尔实验室是晶体管、激光器、太阳能电池、发光二极管、数字交换机、通信卫星、电子数字计算机、C 语言、UNIX 操作系统、蜂窝移动通信设备、长途电视传送、仿真语言、有声电影、立体声录音，以及通信网等许多重大发明的诞生地。

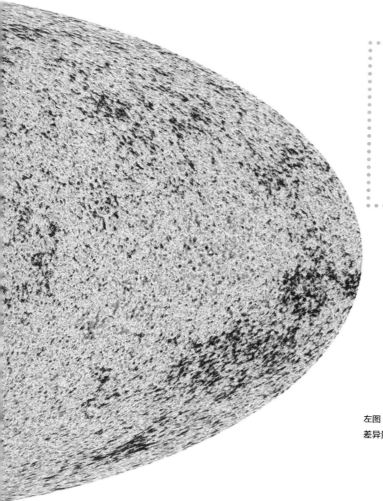

左图 普朗克卫星绘制的宇宙微波背景图。图上红点区域的温度稍高于蓝点区域。差异量级为十万分之一。图片来源：欧洲航天局。

两人很快意识到，这样的信号并非来自地球，也不像是由任何已知天体物理源产生。这种辐射的温度比绝对零度（即 -273.15℃）高了约 3℃。与此同时，在大约 60 千米外，普林斯顿大学三位天体物理学家罗伯特·亨利·迪克[1]、詹姆斯·皮布尔斯[2] 和大卫·托德·威尔金森[3] 组成的研究小组发表了一篇科学论文，这篇论文是对伽莫研究内容的进一步发展，论文提到，大爆炸后初始阶段产生的背景辐射在现代应当能够被精确地在微波波段中观测。在看过这篇论文后，彭齐亚斯和威尔逊立即意识到，他们发现的信号背后将会是不可思议的真相。

彭齐亚斯联系了迪克，两个小组决定联合发表科学论文，一篇关于理论方面，另一篇则关于信号接收的实际操作。宇宙微波背景（CMB）的发现让彭齐亚斯和威尔逊获得了 1978 年的诺贝尔物理学奖，标志着大爆炸模型的确立。

---

[1] 罗伯特·亨利·迪克（Robert Henry Dicke，1916 年 5 月 6 日—1997 年 3 月 4 日），美国物理学家，在天体物理、原子物理、宇宙学和引力等领域做出了重要贡献。

[2] 詹姆斯·皮布尔斯（James Peebles），1935 年 4 月 25 日出生于加拿大温尼伯，加拿大裔美国物理学家和理论宇宙学家，现为美国普林斯顿大学阿尔伯特·爱因斯坦荣誉科学教授，2019 年获得诺贝尔物理学奖。

[3] 大卫·托德·威尔金森（David Todd Wilkinson，1935 年 5 月 13 日—2002 年 9 月 5 日），美国宇宙学家，著名的物理宇宙学先驱，是大爆炸产生的宇宙微波背景专家。

不仅如此，理论上来说，我们有可能估算出宇宙微波背景辐射发出的时间，即能够了解分布在我们周围的光"化石"历史有多久远。微波背景光子是在宇宙诞生 379000 年时产生的，即 137.6 亿年前！

收集光子就像拍照一样，尽管光并非由我们的肉眼直接观测，而是通过微波感应器电子眼捕捉，但它仍然可以说是一张照片，是宇宙中最古老的图像，是宇宙为了让我们研究其奥秘的馈赠。正如我们所看到的，谈论"古老"或"遥远"在宇宙学中是等效的，微波背景图构成了我们可研究的最大范围，即可观测宇宙的范围。分析这张照片使我们能够从整体上确定新生宇宙的内容，这对于理解种种星系、天体以及我们自身的形成过程至关重要。

多年来，通过合作研究和专门的观测活动（如 WMAP 和普朗克卫星），对宇宙微波背景的研究也越来越细，并得出了大量关于宇宙结构和演化的重要信息。从宇宙学标准模型的六个基本参数值（见第 34 页文本框）到深入了解大范围引力运作方式，再到宇宙学原理的正确性。事实上，普朗克合作组织的最新分析已经证实，宇宙的各向同性和同质性的精确度已经到达了令人难以置信的程度。具体说来，该国际研究小组利用同名卫星在天空各个区域收集的最新数据，确定了微波背景辐射中光子的能量和温度分布的可能差异。根据这些研究成果，太空中任意两点之间的最大差异级为十万分之一，这简直微不足道！

除此之外，宇宙微波背景还对宇宙在诞生后的 37.9 万年里所做的运动给出了有趣的解释。例如，通过研究微波背景中原始光的分布，科学家发现宇宙的几何曲率参数（见第三章）接近于零，也就是说，可观测宇宙基本上是一个平面；在宇宙微波背景产生之前的某个阶段，时空似乎突然被"熨平"了，以至于即使存在曲率，我们也无法感知到它，就像我们在看地平线时无法意识到地球是圆的一样。

事实也证明了这一假设：宇宙微波背景图中极其遥远的区域显示出类似的特征，就好像它们"生来相近"，然后突然被某种神秘力量分开。实际上，原始宇宙在大爆炸后的瞬间，一定经历了极其剧烈的急速膨胀，其中相当于质子直径的距离尺度几乎瞬间就被扩大到乒乓球桌大小。解释这段急速膨胀时期的理论被称为"宇宙暴胀"理论，它是宇宙形成故事的最后一环。现在，我们终于可以完整地讲述这个故事了。

最棒的普朗克卫星

欧洲航天局（European Space Agency）的普朗克卫星于
2009年从法属圭亚那的库鲁航天发射中心发射。图片显示的是
该卫星在欧航局位于荷兰诺德韦克的实验室中的建造场景。普朗
克卫星在执行任务的四年里绘制了一幅前所未有的宇宙背景辐
射图。为了实现目标，卫星的仪器被冷却到绝对零度以上20℃，
即-253℃。背景辐射在大爆炸后仅37.9万年就产生了，是来自
宇宙的最古老（和最遥远）的信息。普朗克卫星的数据经过多年
分析才被公布于众。

● 图片来源：欧洲航天局。

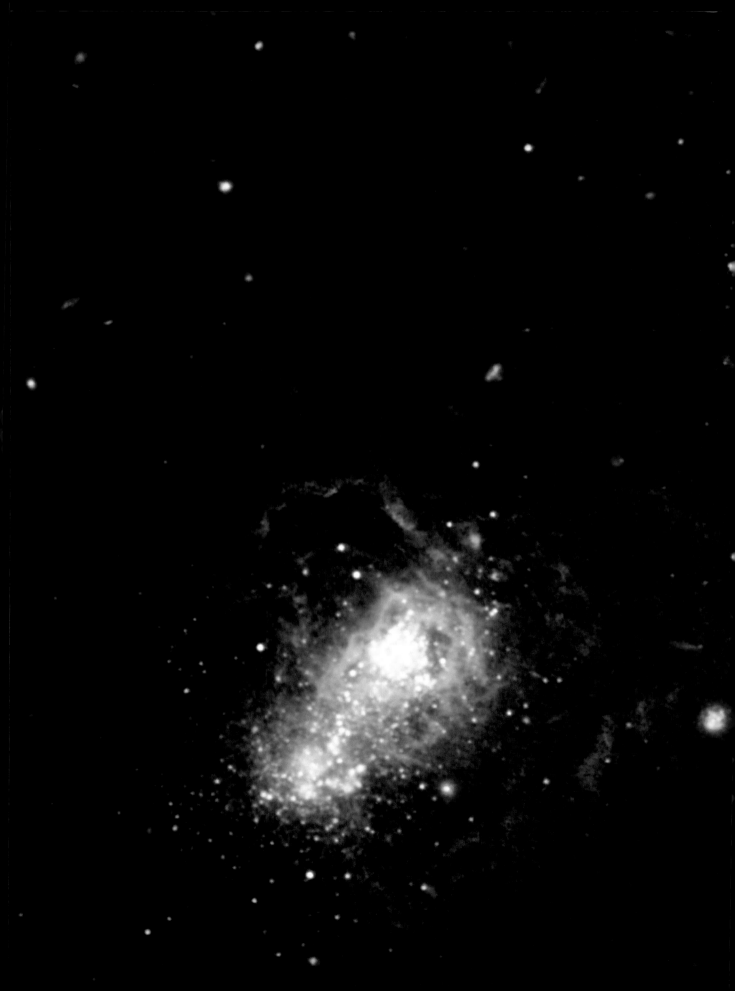

第五章

从大爆炸到黑暗世界

追溯宇宙起源是一场令人眼花缭乱的时空旅行。从大爆炸后的第一秒开始，地球所在的这条"床单"就已经被确定下来。

下图 宇宙演变示意图。

前页图 兹威基 18，哈勃望远镜观测
到的年轻星系。

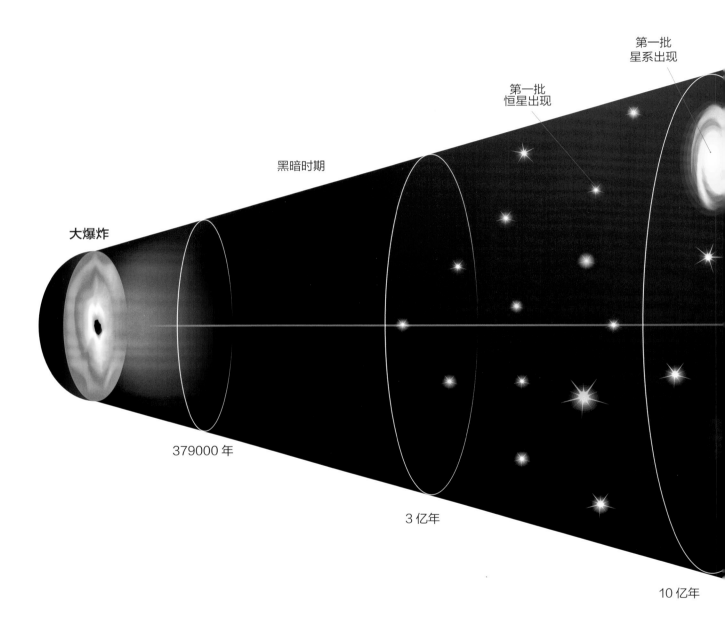

第一批
星系出现

第一批
恒星出现

黑暗时期

大爆炸

379000 年

3 亿年

10 亿年

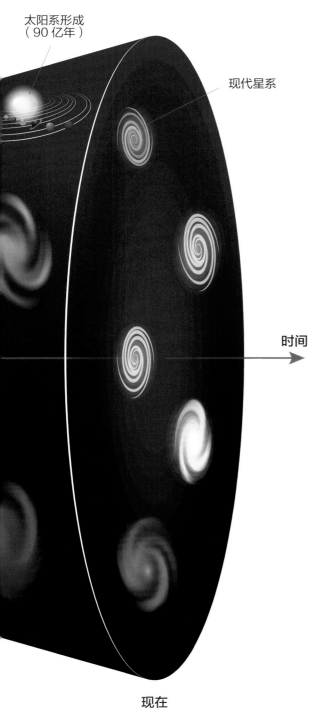

太阳系形成
（90 亿年）

现代星系

时间 →

现在

从大爆炸结束到形成当前的结构，宇宙持续膨胀和演变了近 140 亿年。不同的宇宙时代连接在一起，构成了宇宙的历史，其中每个时代的特点取决于其基本元素，这些元素使我们能够观测到今天的宇宙结构。然而有意思的是，这些时代的持续时间完全不一样；相反，宇宙年表中的大多数重大事件则"扎堆"出现在了宇宙形成后的三分钟内。这是一个混乱的、疯狂的时期，是全部宇宙历史的根基；但从物理学角度来说，这也是一处充满怪象的深渊，一片深邃且亟待探索的海洋，它将使我们直面黑暗的宇宙。

原初宇宙的四个时期

宇宙历史旅程的第一阶段始于大爆炸发生的一刻，相当于 10^{-43} 秒的时间内（一万亿分之一的一万亿分之一的一万亿分之一的一千亿分之一秒）。在这个被称为普朗克时间[1] 的无限小时间被提出之前，爱因斯坦的相对论是无法描述宇宙的。

在该阶段，宇宙物质的密度、温度和能量大到无法想象，时间和空间等概念也没有意义；宇宙的结构不能用我们前面提到的"床单"来表示，时空就像"泡沫"一样，不具备一个稳定结构，而是处在不断变化之中。在这一特殊时期内，任何目前已知的基本粒子都不存在。一种原初作用力支配着原始宇宙，这种力由自然界的四种基本作用力结合而成，分别是：万有引力（简称"引力"）、电磁力、弱核力[2] 和强核力[3]。

在一些物理学家看来，这一"原始作用力"代表着人类知识的终点，即所谓的"万物理论"（用一种单一的力来

---

① 普朗克时间，是指时间量子间的最小间隔，即普朗克时间，为 1E－43 秒（即 10^{-43}s）。没有比这更短的时间存在。普朗克时间 = 普朗克长度 / 光速。

② 弱相互作用（又称弱力或弱核力）是自然的四种基本力中的一种，其余三种为强核力、电磁力及引力。

③ 强核力是作用于强子之间的力，是所知的四种宇宙间基本作用力中最强的，也是作用距离第二短的［大约在 10^(-15) ~ 10^(-10)m 范围内］。

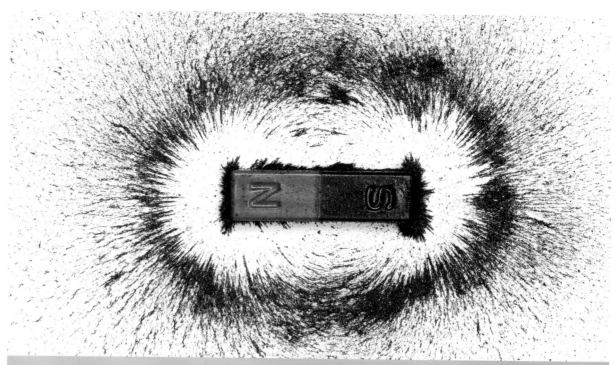

上图 铁粉显示出磁铁产生的磁场线。

拓展阅读
最强的力

　　自然界中存在着四种基本相互作用，或者说力量：电磁力、强核力（作用于原子核）、弱核力（放射性衰变中的典型力）和引力，它们的作用大小和相对强度各不相同。在物理学中，两颗粒子之间的相互作用可以被视为交换第三颗粒子，即介子。介子的质量越大，力的作用范围就越小。四种相互作用中最强的当属强核力，然而它只在短距离内发挥作用；最弱的是引力，但它主宰着大部分宇宙，因为宇宙中存在着许多高质量物体。强核力的强度是引力作用的 10^{38} 倍！

描述所有的现象）。尽管最近又提出了许多替代方案，如弦理论[①]和量子引力[②]，然而，迄今为止，没有任何研究能够找到一个令人满意的模型来描述该宇宙时期。

　　大爆炸发生后的 10^{-43} 秒到 10^{-36} 秒内，时空得以形成，引力的准确内涵也得以形成，从而作为单独的力出现。不过，另外三种基本作用力却仍然通过"电强相互作用"保持着联系。至此，宇宙来到了一个由两种基本作用力主导的阶段：引力以及由另外三种非引力结合而成的"大统一力"。关于"电强相互作用"也

① 弦理论，是理论物理的一个分支学科，弦论的一个基本观点是，自然界的基本单元不是电子、光子、中微子和夸克之类的点状粒子，而是很小很小的线状的"弦"。
② 量子引力，又称量子重力，是描述对重力场进行量子化的理论，属于万有理论之一隅；主要尝试结合广义相对论与量子力学，为当前的物理学尚未解决的问题。

左图 原子结构示意图。

出现过各种理论，但同样没有一种是确定和完整的。所有这些理论被统称为"大统一理论"[1]（GUT）。

　　尽管引力在这时可以被描述为一种单独的力，但原始宇宙所蕴含的巨大能量仍然以决定性的方式影响着时空结构。具体说来，成对的粒子在难以想象的混乱中不断被创造和摧毁，产生出一个个小型区域，其中的引力强度相对较高，是宇宙这条"床单"上一处处微小的"凹陷"。慢慢地，宇宙逐渐冷却和膨胀，能量减少，其中的各种力和粒子渐渐分化成我们今天所知的各种类型。

　　在大爆炸后 10^{-36} 秒到 10^{-33} 秒之间的某个非精确时间内，宇宙变得足够"寒冷"——领会意思即可，这里并不是我们体感上说的冷，而是说在此期间宇宙的温度急剧下降——从而使得强核力从大统一力当中分离出来。只有电磁力和弱核力仍然结合在一起，被称为"电弱相互作用"，这也是粒子物理学标准模型[2]的基础。在这一转化期内，或者也许在其结束时，宇宙进入暴胀时期，在这个阶段，宇宙在几分之一秒内发生了一次急剧膨胀。宇宙规模发生了难以想象的巨大扩张，那些在大统一阶段产生的微小宇宙"凹陷"也被无限扩大。膨胀将时空的微观扭曲转化为数千光年或数百万光年宽的扰动。这些区域中

[1]　大统一理论又称为万物之理，由于微观粒子之间仅存在四种相互作用力，万有引力、电磁力、强相互作用力、弱相互作用力。通过进一步研究四种作用力之间联系与统一，寻找能统一说明四种相互作用力的理论或模型称为大统一理论。

[2]　在粒子物理学里，标准模型（Standard Model, SM）是一套描述强力、弱力及电磁力这三种基本力及组成所有物质的基本粒子的理论。

拓展阅读
宇宙膨胀和希格斯玻色子

　　一些理论认为——例如海德堡大学理论物理研究所宇宙学家哈维尔·鲁比奥在 2018 年提出的理论——宇宙膨胀是希格斯玻色子造成的，它起到了暴胀子的作用。希格斯玻色子在理论上是一种假说，并在很长一段时间内未被证实，直到 2012 年才被确定，这要归功于位于瑞士和法国边境的欧洲核子研究组织巨型粒子加速器——大型强子对撞机（LHC）。早在20 世纪 60 年代，希格斯玻色子就被英国物理学家彼得·希格斯预测为粒子物理学模型中的关键成分（从而被媒体冠以"上帝粒子"的称谓），其属性似乎也适合在宇宙形成之初产生加速膨胀的时期。

右图 彼得·希格斯。图片来源：Bengt Nyman, CC BY 2.0。

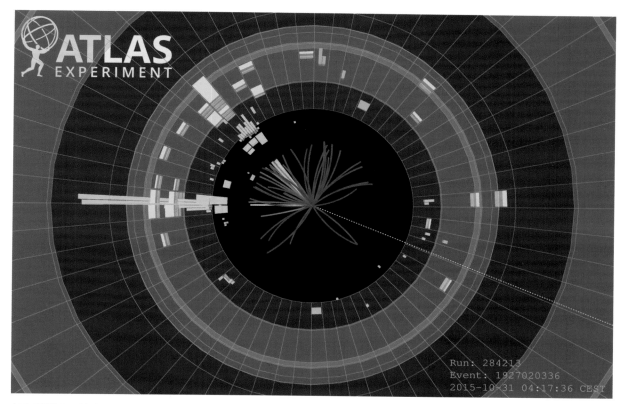

上图 欧洲核子研究组织的 ATLAS 探测器所显示的希格斯玻色子衰变。图片来源：ATLAS 合作组织 / 欧洲核子研究组织。

物质和能量受到的引力略强于其他区域。在这里，物质和能量聚集在一起，最终形成了现在的宇宙结构：星系和星系团。

但是，是什么导致了宇宙突然加速膨胀？根据最简单也最被认可的理论，这个时期的宇宙能量由一个名为"暴胀子"[1] 的原始粒子主导（还有模型则预测同时存在几个粒子，例如韩国宇宙学家 Jinn-Ouk Gong 在 2016 年提出的相关理论）。正是这种粒子在特定条件下造成了极其剧烈的宇宙加速膨胀，在极短的时间内，宇宙的空间扩大了一亿亿亿倍。膨胀期一直持续到暴胀子逐渐失去能量、变得太"虚弱"而无法继续引导加速为止；此时，膨胀结束，原始暴胀子开始"振荡"，使宇宙稍微升温，然后衰变，即分解产生今天的基本粒子。

从亚原子世界到原初分子

现在我们来到了宇宙产生后十亿分之一秒中的前千分之几秒。这时的能量已足够低，弱核力和电磁力也实现了相互分离；于是，在四种业已区分开来的基本力量的主导下，宇宙开始向着我们所知道的那

[1] 暴胀子（inflaton）是假设和迄今仍不明的标量场（和它的相关粒子），它可能是造成与负责宇宙非常早期假设的暴胀粒子。依据暴胀理论，暴胀场提供的机制导致在大爆炸之后的空间，从 10^{-35} 至 10^{-34} 秒期间的快速膨胀。

加速器之王

　　位于日内瓦的欧洲核子研究组织大型强子对撞机（LHC）是世界上最强大的粒子加速器。希格斯玻色子就是利用这一庞然大物在实验中发现的；在大型强子对撞机中，两束质子会被加速，然后以 99.9999991% 的光速相撞。碰撞会产生一连串的新粒子，其中就有科学家此前一直在寻找的希格斯玻色子。大型强子对撞机于 2008 年建成，长 27 千米，位于瑞士与法国边境地下 175 米深的环形隧道内。机器内部条件在一定程度上还原了原初宇宙的情况。

● 图片来源：欧洲核子研究组织。

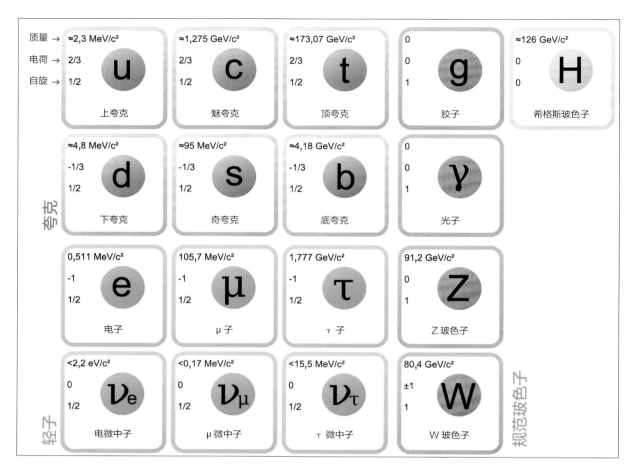

质量 →	≈2,3 MeV/c²	≈1,275 GeV/c²	≈173,07 GeV/c²	0	≈126 GeV/c²
电荷 →	2/3	2/3	2/3	0	0
自旋 →	1/2	1/2	1/2	1	0
	u	c	t	g	H
	上夸克	魅夸克	顶夸克	胶子	希格斯玻色子

基本粒子列表内容如上图所示。

上图 基于"粒子物理学标准模型"的普通物质基本粒子列表。

右上图 卢卡·帕米塔诺在暗物质和反物质探测器"阿尔法磁谱仪"上作业。图片来源：美国国家航空航天局。

基本粒子

在粒子物理学标准模型中，有 12 种基本粒子（以及它们的反粒子）：6 种受自然界所有力影响的夸克，以及 6 种不受强相互作用影响的轻子。还有 4 种作为力量媒介的玻色子，即在相互作用中被交换的粒子：胶子、光子、W 玻色子和 Z 玻色子。最后是希格斯玻色子，它主导着一种机制，其中一些基本粒子与希格斯场耦合而获得质量，而像光子等其他粒子则不适用这种机制。理论上来说，还存在一种"引力子"即负责传递引力的玻色子，但从未被证实。

个宇宙发展。宇宙中的物质以一种极热极密的流体形式存在，被称为"等离子体"[1]，由一些基本粒子构成即夸克和轻子，它们通过交换其他粒子（规范玻色子[2]）而相互作用，参与构成物质。例如，光子，即光的量子，是在电磁作用中交换的玻色子；而胶子是强核相互作用中交换的粒子。

---

① 等离子体又叫做电浆，是由部分电子被剥夺后的原子及原子团被电离后产生的正负离子组成的离子化气体状物质，其运动主要受电磁力支配，并表现出显著的集体行为。它广泛存在于宇宙中，常被视为除去固、液、气外，物质存在的第四态。

② 规范玻色子是传递基本相互作用的媒介粒子，它们的自旋都为整数，属于玻色子，它们在粒子物理学的标准模型内都是基本粒子。

　　浸没在原初宇宙"羹汤"中的，既有我们界定为"物质"的粒子，还有那些被称为"反物质"的粒子。两者都属于普通物质的范畴（见第三章），那么它们的区别何在？答案很简单，粒子的一些特性——例如电荷——在反粒子中正好反过来；此外，物质粒子与其反物质粒子相遇后则会生成光子，即光。根据相关理论研究，宇宙中的物质最初处于平衡状态，有多少物质，就有多少反物质。在原始混沌中，所有这些粒子都无法结合形成更大的结构，而是继续相互作用，产生新的粒子，如此反复。在某个时间点上，出于一种目前尚不清楚的原因，宇宙中形成的粒子数量超过了反粒子，从而导致后者消失，为我们留下了一个由物质和众多光子主导的宇宙，后来电磁波形成了现在的宇宙微波背景。现在，我们来到了宇宙诞生后的第百万分之一秒。原始等离子体温度有所下降，夸克开始形成各种粒子，这其中就包括质子和中子，它们是原子核的主要组成部分，是普通物质的构成基础。在大爆炸后的第一秒，宇宙中出现了质子、中子、光子和中微子[①]，这些粒子属于轻子类型（或"轻子家族"），它们的质量极小，与所有其他粒子的相互作用十分微弱。

---

① 中微子，又译作微中子，是轻子的一种，是组成自然界的最基本的粒子之一，常用符号希腊字母 ν 表示。

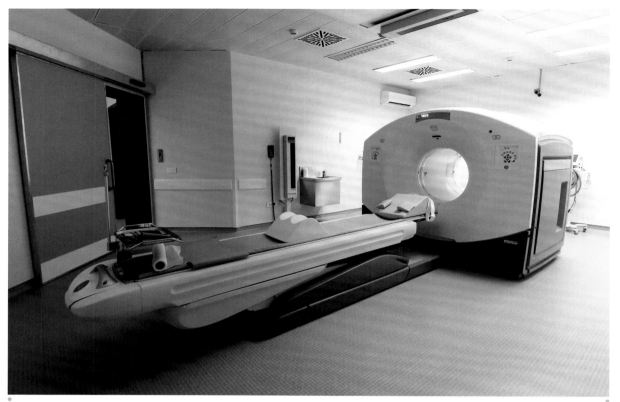

上图 用于进行 PET、正电子（反物质粒子）发射断层扫描的先进设备。

反粒子和医学

尽管反物质可能给人感觉很神奇并且……很危险，但它其实产生于各种自然过程。例如，来自太阳和太空的高能粒子与地球大气层中的原子相互作用时，就会产生反物质。此外，反物质还被应用在一些核医疗诊断技术中。例如，PET（正电子发射断层扫描）使用正电子，利用的就是正电子与电子相遇会产生光这一原理。

此时，电子——构成原子的另一种基本粒子——仍然具备充足的能量与其反粒子、正电子以及光子产生相互作用。具体说来，一个光子产生一个正电子和电子，几秒钟之后，这对电子就像一对苦苦思念的恋人一样再次结合，并创造出另一个光子。在宇宙诞生后的第十秒，所有的正电子对都已经转化为光子。然而，如同我们前面提到的那样，某种神秘机制产生了比反物质稍多的物质，从而使少量电子剩了下来，现在原始宇宙"羹汤"的配料已经备齐。毋庸置疑，光子和一些小质量粒子——如中微子和电子等——是组成宇宙的主要成分，它们的密度主导并定义了宇宙的膨胀速度。大爆炸后大约两分钟，能量已经减弱到能够开启核聚变反应，即质子和中子发生融合，首先形成了氢的同位素（即质子数量相同但中子数量不同的原子核），然后是氦，接下来是锂。这个过程总共持续了约 20 分钟，但其实在最初的60 秒过后，大部分普通物质都已经以氢核与氦核的形式出现了。

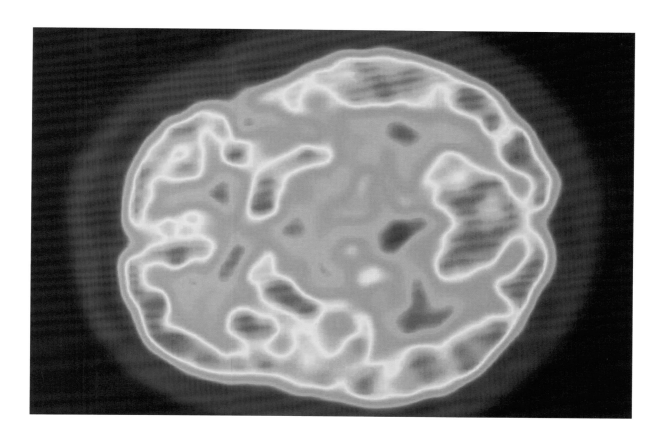

上图 人脑 PET 扫描图。

从此刻开始，宇宙中物质形成的速度大大放缓，第一批分子——例如在2019年才被发现的氢化氦分子——形成是十万年之后的事儿了。至于在古老的恒星和星系中，物质的形成时间则更加漫长，据估算，这些物体是在大爆炸后约4亿年时才开始形成的。

物质的统治

大爆炸后的几万年里，宇宙的演化是由辐射即电磁波决定的，这些电磁波由无质量的光子和能量极高、运行速度接近光速的光粒子组成。然而，随着宇宙的膨胀，电磁波与有质量的物质——比方说原子核——相比，其消融速度加快了许多。举个例子，我们想象自己在黑暗的房间中打开一个装有磷光气体的盒子。这时，房间将立即被气体发出的光照亮，但气体扩散至整个房间的速度则要慢得多。换句话说，由于其非凡的速度，光子比构成气体的物质消解和扩散得更快。

在原初宇宙中，辐射的密度不断降低，直到宇宙诞生后约4.7万年，辐射密度变得比物质密度更小。此时，宇宙的演化正是受了物质的支配——它仍然比光

已知的最古老星系

　　2016 年，发表在《天文物理期刊》上的一项研究宣布发现了迄今为止最遥远和最古老的星系。利用哈勃太空望远镜收集的数据，一个国际科学家团队分析了大熊星座区域的一处星系并将其命名为 GN-z11。据估算，该星系发出的辐射年龄为 134 亿岁，换句话说，该星系在宇宙诞生后 4 亿年就已经存在了。

● 图片来源：美国国家航空航天局。

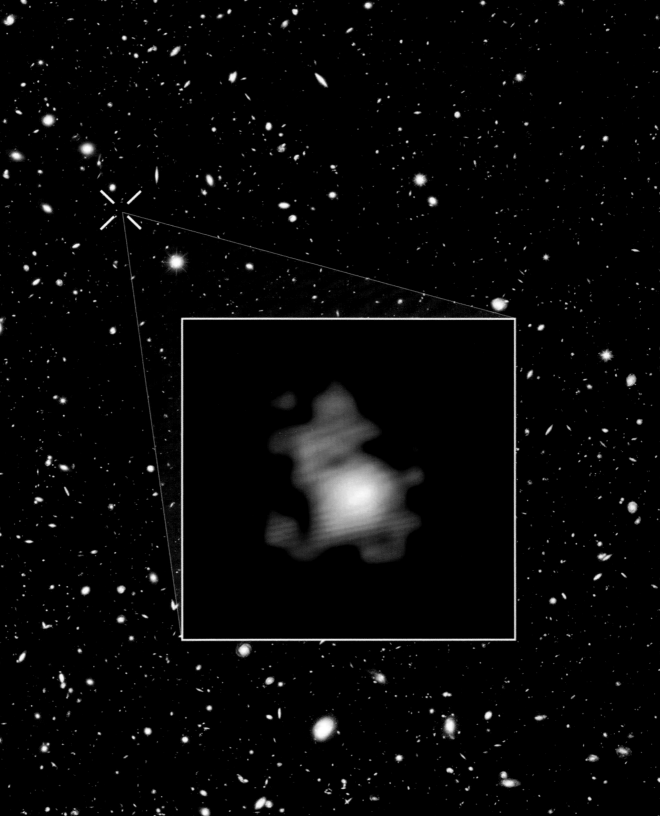

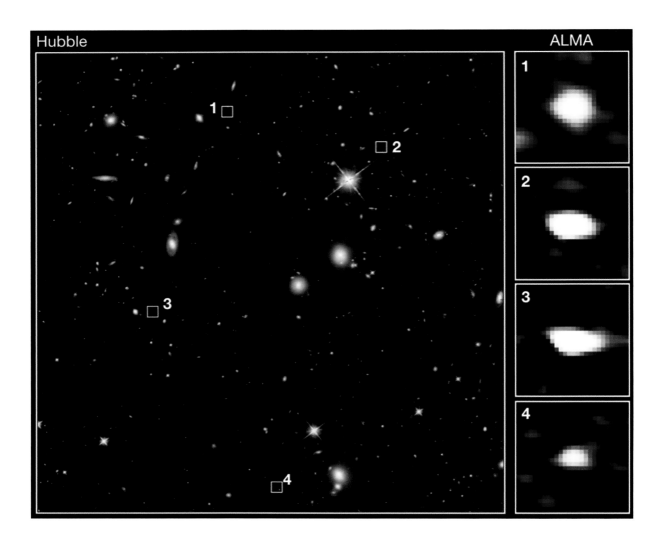

Hubble

ALMA

1

2

3

4

上图 一些古老星系的图像。左边表示在正常光线下，几乎看不到这些星系。而右边则是这些星系在射电波段中放大后的景象。

子更加"紧凑"，而且膨胀速度略微放缓。

现在，我们来到了宇宙年代学中我们最熟悉的时代，这一阶段已经持续了数十亿年，在这一时期，我们可以观测到宇宙的大部分，同时还观测到了天体的诞生和发展。在宇宙的某些区域中存在着少量过剩物质，这是原初宇宙在极端条件下产生时空结构扰动的残留物质。慢慢地，在引力的作用下，这些多余的物质得以开始演变，聚集成越来越大的物质光晕。光晕演化呈现出层次顺序，由小到大，最终形成了星系团与大规模天体。从这之后，情况开始变得越发奇怪了。

即便从现在起，宇宙进入了"青春期"，但它的温度却仍然很高，足以使内部物质处于混乱状态，其中的核子、电子和光子继续拼命地相互作用着，形成一个不断演变的流体。随着能量因宇宙膨胀而逐渐减少，这些相互作用也逐渐减弱，使得光子在流体中的移动越发自由。终于，在宇宙诞生后的第 37.9 万年里一个炎热日子（误差约为几个世纪）中的某个时刻，电磁波摆脱了物质的控制，在最

下图 计算机模拟的宇宙区域，每个点代表一个星系。图片来源：千禧模拟（Millennium Simulation）。

后一次作用之后与同伴告别，离开了原始等离子体。之后，光开启了漫长的旅程，散播在太空中，形成了今天的宇宙微波背景。

在辐射的照射之下，宇宙变得透明，失去同伴的原子核与电子结合，形成了第一批真正意义上的原子。随着宇宙的不断膨胀，它的温度也逐渐下降，从近3800℃降到了零下213℃左右。光子在扩散过程中不断失去能量，从而带来了频率降低；慢慢地，它们从可见光段进入了红外波段，这是我们用肉眼无法观测到的区域。倘若我们能够回到这个遥远的时代，我们就会看到一个完全黑暗的空间，一段只有在几亿年后第一批恒星形成时才会结束的漫长黑暗期。

黑暗宇宙的起源

仔细观察宇宙微波背景的图像，如同前面所提到的，我们会意识到它不是完全同质性和各向同性的，而是存在非常小的波动，量级为十万分之一。更确切地

说，这里存在有温度略高和温度略低的区域。那么这些各向异性是什么原因造成的呢？

当光子最后一次与物质发生作用之后，即大爆炸后 37.9 万年，它们抹去了这些物质在当时的分布痕迹。实际上，宇宙微波背景的微小扰动已经告诉了我们哪些区域是原子核和电子密度稍大的区域，这些宇宙粒子将在未来形成星系。但就在此时，一个大煞风景的事情出现了。

站在最早对原初宇宙的"快照"，即背景辐射所包含的信息角度，我们今天看到的天体结构都无法形成。扰动过于微小，在像宇宙早期阶段那样的混沌状态下，它们应该很快就会消散。我们可以想象一口大锅里有许多小块的奶油冻，只要搅拌一下，就足以使它们融化在锅里。就宇宙而言，在没有扰动的情况下，不可能产生任何结构……所以也就不会有银河、地球，或者人类！

跨页图 已知大质量星系团之一，RX J1347.5-1145。图片来源：欧洲航天局 / Hubble e 美国国家航空航天局，T. Kitayama（日本东邦大学）/ 欧洲航天局 /Hubble e 美国国家航空航天局。

右上图 亚伯拉罕·勒布。图片来源：Lotem Loeb（CC BY-SA 4.0）。

可我们又的确存在，我们的星球、行星等也都真的存在。那么，我们如何才能将宇宙微波背景呈现给我们的情景与当前点缀着无尽星系的宇宙联系起来呢？

至此，有必要加入另一种目前尚未出现在宇宙历史故事中的元素了。它不会与光子、电子和核子流体相互作用，作为一种基础"配方"散布开来，周围是一些由引力主导的小扰动。当其他粒子忙着互相"碰撞"的时候，这种元素为普通物质创造条件，让它们结合起来，产生我们今天能欣赏到的宇宙结构。我们需要的这种成分正好反映了暗物质的特征。

年轻星系
（NGC 300）

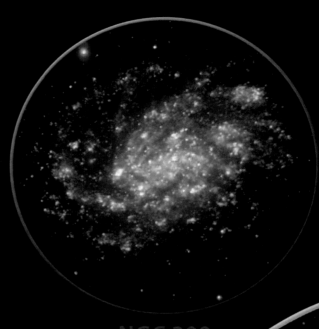

NGC 300

星系也在发生变化

如今我们能观测到不同形状的星系：它们有的呈旋涡状（如银河系），有的则是椭圆形。观测结果表明，许多星系一开始是小型旋涡星系，后来演变成了较大的椭圆星系。这张图片上的星系年龄从左到右逐渐增长。最左边的是旋涡星系 NGC 300，距地球 600 万光年，它散发的蓝光（紫外线）显示出强烈的恒星形成活动迹象。最右边的是椭圆星系 NGC 1316，距地球 6200 万光年；它的颜色有些发红，这表示其中含有大量的古老恒星。另外两个星系 NGC 1291 和 M90/NGC 4569 年龄处于刚才提到的两个星系之间。这些图像由美国国家航空航天局的 GALEX 卫星和地球上的各种望远镜拍摄而成。

● 图片来源：美国国家航空航天局 /JLP/Caltech/Las Campanas Observatory/Palomar/CTIO。

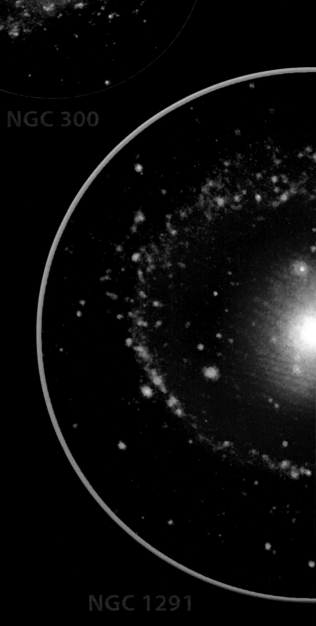

NGC 1291

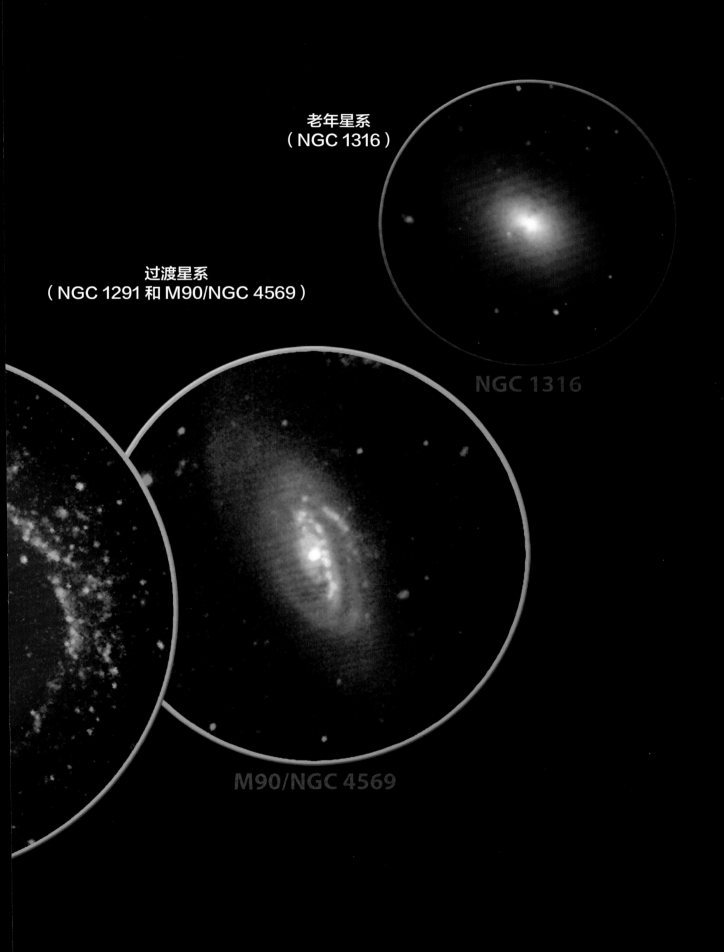

老年星系
（NGC 1316）

过渡星系
（NGC 1291 和 M90/NGC 4569）

NGC 1316

M90/NGC 4569

暗
物
质

有相当大一部分的宇宙是由看不见的物质构成的
但是它们产生的引力却能够被检测到。这种看不见
的物质是由什么组成的呢？目前我们尚不得而知
但存在几种假设。

拓展阅读
旋转曲线，但不含暗物质

多年来，关于旋转曲线作为暗物质存在的"证据"这一话题一直备受争论。在不一定引入暗物质的情况下，一些替代理论已经设法解释了恒星奇特的轨道速度模式。如"修改的牛顿动力学"（MOdified Newtonian Dynamics MOND 理论），此外，在 2017 年，凯斯西储大学研究员斯泰西·麦戈与同事分析了 153 个旋涡星系样本，发现气体和恒星在观测中经历的加速度与不涉及暗物质和不需要改变引力就能获得的加速度之间存在着极强关联。应当强调的是，这并不意味着暗物质不存在，就像在该项研究结果提出后不久传言的那样，这只是意味着这一难以捉摸成分的动态和影响可能比我们想象的要复杂得多。

左图 后发座星系团是一个非常丰富的星系结构，其中有超过 1000 个星系能够被观测到。图片来源：美国国家航空航天局／加利福尼亚理工学院喷气推进实验室／戈达德航天中心／斯隆数字巡天。

前页图 星系团 Abell S1063 包含大量的暗物质。图片来源：美国国家航空航天局／欧洲航天局，M. Montes（澳大利亚悉尼新南威尔士大学）。

1933 年，加州理工学院教授、瑞士天文学家弗里茨·兹威基根据测得的"后发座星系团"中的星系速度估算了该星系团的总质量。一般来说，根据经典物理学定理"位力定理"[1]，我们可以说星系在星系团内移动的速度由其整体引力决定，该定理在天文学中被广泛使用。正如我们所看到的那样，引力场又与星系团中所包含的物质数量和能量大小有关。因此，通过一个相对简单的分析，我们就可以计算出一个巨大而遥远的物体——比如说星系团——质量。

弗里茨·兹威基猜想该星系由相当数量的类似于太阳（因为我们了解它的亮度和质量）的恒星组成，并将他的估算结果与"发光质量"数值——将可见成分（这里指星系）简单相加而得出的数值——进行了比对。

得到的结果则令人惊讶，不仅两个估计值不一致，而且发光物质的质量还不到该星系团总质量的 1%。因此，星系团中的大部分物质应当是以一种神秘的不可见的形式存在，兹威基把它们称为"暗物质"。实际上，这位瑞士天文学家的测量方式非常不精确，并在计算星系速度时犯了很大的错误，所以他估算出的暗物质数量远远超过了实际情况。此外，我们现在知道，星系团中的一些物质分散在一种炙热的气体中，这种气体会发出 X 射线（即不是可见光），称为星系团内介质[2]（ICM）。但是，即使考虑到这一点，情况也不会有很大的改变，根据天体

---

① 维里定理广泛用于描述自引力系统在平衡状态下不同形式的能量之间的关系。对势能服从 r^n 规律的体系，其平均势能 $<V>$ 与平均动能 $<T>$ 的关系为 $<T>=1/2 \cdot n<V>$。

② 星系团内介质（ICM）是天文学中存在星系团中心的超高温气体，这些等离子体的温度在一千万至一亿开尔文之间，主要成分是电离的氢和氦，并且拥有星系团内绝大多数的重子物质。ICM 辐射出强烈的 X 射线。

物理学家埃瓦·洛卡斯和加里·马蒙最近的估算，后发座星系团中的普通物质只占总数的 15%，剩下 85% 的质量都以暗物质的形式存在。

旋转曲线

1983 年，华盛顿卡耐基研究所从事相关研究的天文学家维拉·鲁宾在《科学美国人》上发表文章，向我们展示了证明这一转瞬即逝的神秘物质的新证据，这次是在单个星系而不是星系团的范围内进行的研究。这项工作以鲁宾和他的同事肯特·福特早先对旋涡星系进行分析得出的奇怪结果为线索，以"旋转曲线"的概念为基础开展。旋转曲线是一个图表，它将星系中恒星和气体的运行速度与它们到星系中心的距离联系起来。一般来说，如果一个星系只由恒星、气体和尘埃组成，那么恒星围绕其中心运行的速度将从中心开始一直增加，直到达到某个距离（对于像我们这样的星系来说，这一距离大约在 2 万光年），进入星系的外围后，运行速度则会越来越慢。

同时，鲁宾和福特还发现，旋涡星系的旋转速度趋势即使在离星系中心很远

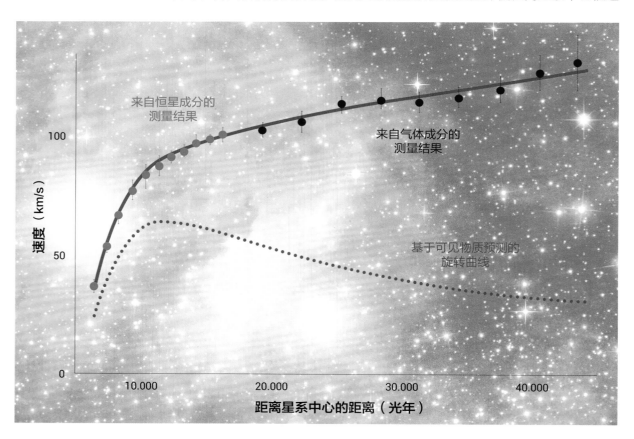

的地方也是恒定的。这与兹威基对后发座星系团的发现类似，这些恒星似乎被一种质量所"牵引"，该质量远远大于从可见物质中推断出的质量。不仅如此，尽管研究范围小了至少一千倍（从数百万光年到数千光年），不可见质量与发光质量的比例却与兹威基估算的数值非常接近。今天，据估计，每个星系，包括我们的银河系，都处于暗物质的晕中，其质量相当于本星系可见部分质量的六倍左右！

看见不可见物质的透镜

当我们在第三章广义相对论的曲折道路上探索时，我们看到了物质和能量如何改变宇宙结构。因此，任何在时空中运动的物体，包括光，都会根据时空的扭曲程度而改变其路径。例如，两个光源，一个较远，另一个较近，当它们沿同一视线方向排列时，较远光源发出的辐射就会被较近光源的引力所改变。我们观察到的图像将以这种方式发生变化，改变形状，相比我们看到的直射光线，来自远处的光线甚至会被放大。

这种现象被称为引力透镜效应 [1]（因为近处的物体就像一个透镜，使我们能够看到远处的物体），这

---

[1]　引力透镜效应是爱因斯坦的广义相对论所预言的一种现象。由于时空在大质量天体附近会发生畸变，使得光线经过大质量天体附近时发生弯曲。如果在观测者到光源的直线上有一个大质量的天体，则观测者会看到由于光线弯曲而形成的一个或多个像，这种现象称之为引力透镜现象。

爱因斯坦环

　　在这幅由哈勃太空望远镜拍摄的图像当中，引力透镜效应清晰可见。在图片右边，可以看到一个环状物围绕着一个明亮的淡红色物体。后者是一个相对较近的星系，质量大约是银河系的 10 倍。这一巨大的质量扭曲了该星系背后一个更为遥远星系的光线，沿着同一视线看过去，会呈现出一条弧线，这条弧线被称为"爱因斯坦环"。距离超过 100 亿光年的遥远星系光线太微弱，无法被直接观测，但引力透镜效应却让我们能够以一种扭曲的方式看到它。

● 图片来源：欧洲航天局 / Hubble & 美国国家航空航天局。

上图 子弹星系团。图片来源：欧洲南方天文台。

子弹星系团

　　子弹星系团是 40 亿光年外一对星系团碰撞的结果。对该星系团质量分布的研究表明，气体在碰撞后集聚在中心区域，而大部分（暗）物质则没有感受到碰撞，继续按照自己的路径运行，穿过气体并分散开来。两个星系团受到暗物质的引力影响，追随着暗物质。它们的状况完全符合人们对暗物质的预期，没有压力，没有与普通物质的相互作用，只有引力。

种效应在大质量天体集中地（例如星系团）附近特别明显，在那里我们观测到光被显著放大、远处物体呈现出多重图像、强烈的扭曲乃至产生出巨大的美丽光弧。这些扭曲的光线，其属性、形状和分布与其存在的物质数量及其组成结构有关，因此我们可以通过这一点来识别天空中某一特定区域所包含的物质质量。同时，引力透镜分析——例如利用该效应对星系团进行的分析——显示存在很大比例的不可见物质，这一比例与研究星系速度得出的比例非常相近。从 2010 年到 2013 年，一项被称为 CLASH（哈勃星团透镜和超新星调查）的雄心勃勃的项目利用哈勃太空望远镜收集到了质量极高的 25 个星系团数据，后来又利用位于智利阿塔卡马沙漠的甚大望远镜（CLASH-VLT）从地面收集数据。有了这些信息，就能够通过从引力透镜和从星系动态中得出的数据，以前所未有的精准度还原一些物质的质量，从而再次证实大部分物质以暗成分形式存在。

不同的观测天空方法全都指向了相同的证据：宇宙中的主要物质似乎以看不见的暗成分的形式存在，其影响只能通过引力予以反映。但是，这种成分是由什么构成的，它又有什么特性呢？

看那个大家伙！

最初关于暗物质的假设——仅在银河系范围内——在很大程度上是假设它由行星、褐矮星、中子星、黑洞这些常规天体组成，这些天体很少发出辐射。这组候选天体以 MACHOs[①] 的名义被编入目录，MACHOs 是 MAssive Compact Halo Objects 的缩写（晕族大质量致密天体，其中"晕"这个词是指这些天体存在于星系的外围晕中）。实际上，这些天体虽然由普通物质组成，但由于其亮度非常低而无法被观测到或难以观测到。为了追踪 MACHO，有人想到利用引力透镜效应。这样的小天体无法像星系团那样强烈地扭曲光路，但它们仍然可以非常轻微地改变理论上可观测到的辐射路径，这种现象被称为弱透镜。

20 世纪 90 年代初，为寻找银河系中的晕族大质量致密天体，人们发起了两项观测活动。两项观测旨在研究我们观测这些恒星的视线中，是否存在不可见的晕族大质量致密天体，以导致恒星光线发生变化。然而，结果并不令人满意，在观察到的数百万颗恒星中，只有大约 20 颗显示出弱透镜的迹象！这个数量太少了。这排除了晕族大质量致密天体可能是暗物质主要来源这一可能，该结果也被天体物理学家蒂莫西·D. 勃朗特于 2016 年通过研究证实。关于暗物质来自"奇异"源头的看法则变得越来越流行，这种奇异来源与迄今已知的粒子完全不同。

---

① 晕族大质量致密天体（缩写为 MACHOs），又名大质量致密晕天体，是一个天文学的普通名词，可以用来解释可能存在于星系晕的暗物质。

拓展阅读
宇宙学和中微子

自然界中有三种已知类型的中微子，被称为电子中微子、μ 子中微子和 τ 中微子。通过宇宙学观测，能够获得关于其他类型中微子的信息，尤其是关于电子中微子、μ 介子和 τ 中微子质量总和的相关数据。这是因为在宇宙初期，中微子影响扰动的增长，影响程度取决于其质量大小。最近的研究结果（我们总是引用 2018 年普朗克卫星项目中科学家们的分析）似乎表明，除了三个已知的中微子类型外，没有其他类型，这三种中微子的质量之和大约相当于电子质量的百万分之二。这也意味着，中微子的总量占当前宇宙质量极小部分，不到 1%! 观察无限大的事物，来了解无限小的事物。

上图 太阳是到达地球的中微子主要来源。图片来源：Solar Orbiter/EUI Team/ 欧洲航天局 & 美国国家航空航天局；CSL, IAS, MPS, PMOD/WRC, ROB, UCL/MSSL。

上图 博洛尼亚超级计算中心 CINECA 的 PICO 超级计算机，也应用在宇宙学模拟中。图片来源：Tukulti65（CC BY-SA 4.0）。

热，冷，还是暖？

　　了解暗物质构成的方法之一是看它在早期宇宙当中的行为。如果它真的由有质量的粒子构成，那么这种粒子的质量越小，就越容易使其加速并使它们以接近光速的速度运动。这有点像试图让一个球或一辆公共汽车加速；在后面这种情况下，需要更多能量来达到同样的效果！

　　如同我们在上一章看到的那样，宇宙诞生之初的能量和温度都非常高，而后随着宇宙膨胀而逐渐降低。大质量的粒子速度下降得较快，而小质量粒子乃至电磁辐射这种完全没有质量的物质直到今天仍保持着极高速度。从这一概念出发，宇宙学家 J.R. 邦德和亚历山大·斯扎莱在 1983 年发表了一篇论文，为可能的暗物质粒子设计了一种分类，我们现在将看到，这种分类正是基于它们的假设质量。

　　首先，在宇宙诞生之初，原始热等离子体中应该也包含了暗物质。然而，它肯定很早就从这个等离子体当中分离出来了，比背景辐射的光子等更早作为独立于其他部分的实体进行分离和演化。这是因为，如果暗物质以某种方式与普通物质发生相互作用，那么这种相互作用应该非常弱，只有在一些极端情况下才会变得明显，例如大爆炸后的瞬间。

所以，让我们试着来想象一种由极微小质量粒子组成的暗物质。如同前面所强调过的那样，在从等离子体中分离时，粒子的运动速度会变得非常快，接近于光速；在这种情况下，我们所说的是热暗物质。

然而，我们也可以想象相当"充实"的粒子，随着温度降低而迅速减速。在这种情况下，暗物质在宇宙中出现时速度已经非常缓慢，并随着宇宙膨胀继续减慢；这时我们说的是冷暗物质。

至于情况处于二者之间的粒子（既不过分轻也不过分沉的粒子）自然就被命名为温暗物质。

这三种类型的暗物质哪种最能反映我们在宇宙中观测到的情况？让我们来看看可能的暗物质候选者以及它们的特性。

中微子是暗物质头衔的主要竞争者之一，它应当属于"热暗物质"类，是一种基本粒子，在某些方面的特性与暗物质的预期特性相差不远。事实上它不带电荷，不发射辐射，不受强核作用的影响。中微子能够被探测到的唯一途径（除了引力外）是通过弱核相互作用，而弱核相互作用只在十亿分之一纳米的距离内起作用。实际上，一个中微子与另一个粒子发生相互作用的概率非常低，以至于仅仅是要阻挡半束这样的粒子，就需要一堵大约 1 光年厚的铅墙！

拓展阅读
模拟宇宙

在计算机上还原一个假设的暗物质粒子，在理论上要比描绘普通物质容易得多，这正是因为前者只受引力影响，而在后一种情况下必须创设出一系列天体物理现象，有些甚至非常复杂（如恒星形成、超新星爆炸等），这使得该过程更加多样化（和有趣）。近年来，人们已经开发出极其先进的代码来模拟宇宙的部分区域，并考虑到了从星系到宇宙学范围内的各种可能现象。这些代码同时追随着数十亿粒子的运动和相互作用，跨越几个宇宙学纪元，并在很短的时间内模仿宇宙粒子运行；要想发挥这种作用，它们需要采用并行工作方式，且由几十个处理器组成的超级计算机，将巨大的工作量化整为零。例如，位于雷诺河畔卡萨莱基奥的 CINECA 计算机中心的超级计算机（左图照片），是意大利科学研究和国际科学研究的重要基地。

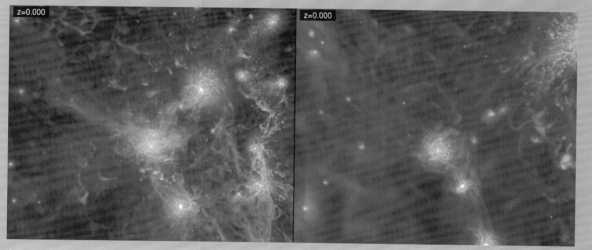

上图 具有冷暗物质（左）和温暗物质（右）的宇宙结构模拟。图片来源：波茨坦莱布尼茨天体物理学研究所（AIP）CLUES 项目。

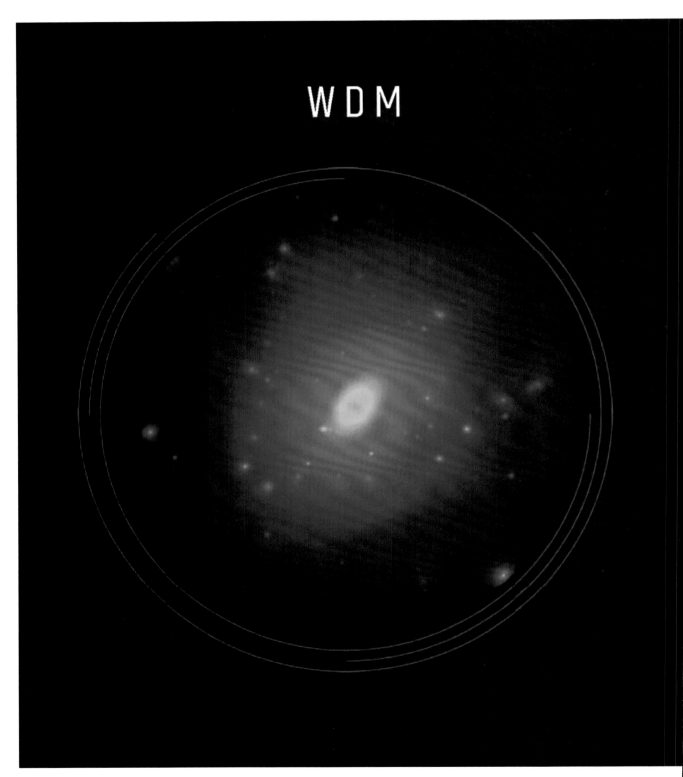

上图　在温暗物质（左）和冷暗物质（右）同时存在的情况下，星系周围暗物质的分布模拟。图片来源：
Bullock 和 Boylan-Kolchin（2017）；模拟员：V. Robles, T. Kelley 和 B. Bozek，与 Bullock 和
Boylan-Kolchin 合作。

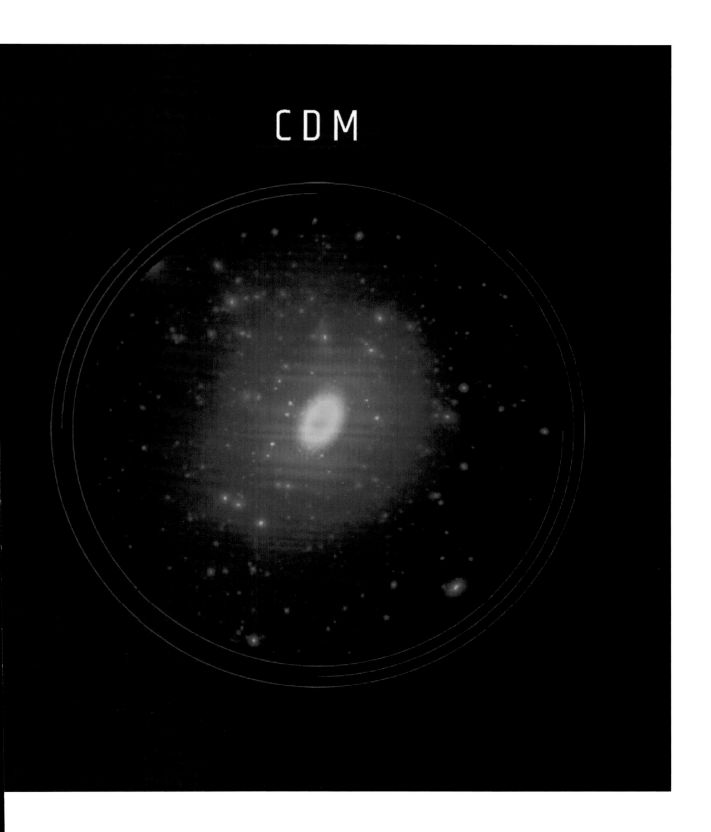

星系核球　　　　　　　　　　星系圆盘

暗物质晕

中微子的另一个有望成为暗物质的特点是，如同 20 世纪上半叶人们所猜测的那样，它并非没有质量。虽然其质量的确切值仍然是一个谜，只有一些可供参考的限度范围（单个中微子的质量被假定为不足电子质量的百万分之一），但仅仅是中微子有质量这一事实就足以解开暗物质之谜。中微子可能是"小"的，但它们的数量足以解释暗物质的存在。想想看，在地球上，每秒钟内，每平方厘米的范围内都有超过一百万个由太阳产生的中微子穿过。

遗憾的是，如上所述，质量轻的粒子，它的速度也极快，中微子也不例外！我们在上一章中看到，暗物质对于形成恒星和星系来说是不可或缺的。具体说来，暗粒子应当是在引力的作用下聚集在一起，形成晕，由普通物质构成的星系就在其中形成。

观测结果和宇宙学模拟研究（例如意大利的里雅斯特和博洛尼亚研究小组目前正在进行的研究）表明，在宇宙的"青春期"中出现的第一个晕族天体相对较小，大约是一个矮星系的大小。这些天体合并形成了更大的物体，如星系团，这种现象被称为"自下而上演化"。如果暗物质只是由中微子这样的轻粒子构成，那么第一批形成的星系团将无比巨大，甚至比一个超星系团还要大。这是因为引力不太容易快速地把粒子结合在一起，这些粒子更倾向于在星系范围内分散和扩散（一种被称为"自由穿越"的现

上图　旋涡星系周围的暗物质晕族天体效果图。图片来源：L. Jaramillo & O. Macias/Virginia Tech。

右图　天空中的伽马射线，它可以提供关于暗物质的信息。图片来源：美国国家航空航天局 /DOE/Fermi/LAT 合作。

混合暗物质

近年来，人们提出了这样一个问题：暗物质可否由所有三种类型（热、冷和暖）混合物共同组成，从而一致地解释所有关于神秘暗物质的自然现象？这些更加复杂的模型被命名为 MDM（Mixed Dark Matter，混合暗物质）。

象），这将阻碍更小的晕族天体产生！因此，热暗物质占主导地位的观点与观测到的景观形成了鲜明对比，后者似乎更倾向于"冷"暗物质作为基本成分存在；粒子的质量比中微子大得多，速度也慢得多，即使在星系范围内也能保持"紧密联结"的状态而不散开。如果这还不够，那么关于中微子之于宇宙总密度比例的最新分析结果向我们表明，它们的存在占宇宙总含量的比例远低于 1%！

因此，冷暗物质目前是解释大范围内物质分布的一个关键因素。然而，关于这一物质，理论和数据之间也有一些不一致的地方，例如，宇宙学模型预测到的质量较小（暗物质和普通物质）的晕族天体数量比现实中观测到的要多得多。此外，从旋转曲线得出的星系中心区域物质分布与理论上的以及通过模拟得到的数据不同。还有一些看法表明，在星系范围内，普通物质和暗物质之间有着更为复杂和尚不为人知的运转过程。

正是为了解决观测结果与标准模型存在的一些差异问题，人们决定引入温暗物质——一种由质量大于中微子、但仍然足够轻的粒子组成的暗物质（约为电子质量的 1/100）。通过这种方式，粒子的速度足以避免在如今形成太多复杂的结构，同时也能使宇宙的演化情景与观测结果保持一致。最近，一些对宇宙学模拟的分析——如由瓦伦西亚大学宇宙学家巴勃罗·维拉纽瓦·多明戈领导的研究团队在 2018 年开展的研究表明，这些可能存在的粒子，其质量不会小于电子的几百分之一。

弱相互作用大质量粒子

我们已经知道，为了使星系形成我们今天观测到的样子，可能构成暗物质的粒子质量必须足够大。但我们谈论的是哪一类粒子呢？我们可以考虑具有与中微子相同特征的粒子——不带电荷，不存在强核相互作用——但质量非常大，足够"冷"，以满足观测要求。由此产生了弱相互作用大质量粒子的概念，

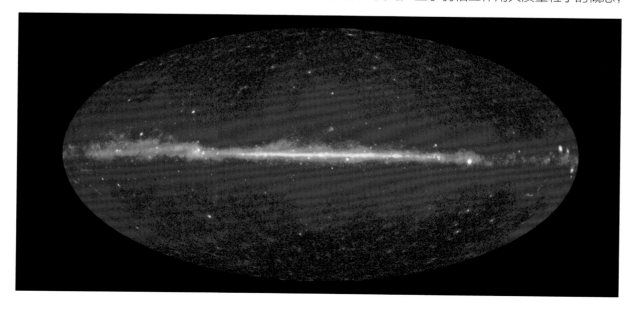

又被称为 WIMPs，这是一些相当"强壮"的粒子，只受到引力和弱核力的影响。从物理学角度看，它们可能是超对称粒子[①]，即 20 世纪 70 年代末在复杂的弦理论背景下理论化的基本粒子的超对称伙伴。

在这些新发现的粒子中，中性子是超对称粒子中质量最小的粒子，它似乎符合构成暗物质的要求。它没有电荷，不会自发衰变（即不会变成其他东西），它"消失"（即湮灭）的唯一途径是与另一个中性子相互作用，产生一对普通粒子。中性子也有较低的概率与普通粒子相撞，就像两个球相撞后弹开一样。

原则上讲，直接观测弱相互作用大质量粒子是可能的，也许可以通过尝试在大型粒子加速器中制造它们，或者尝试探测那些散落在星系中的弱相互作用大质

---

① 日本粒子物理学家宫泽弘成最早于 1966 年首次提出超对称理论，当时是为了补充标准模型中的一些漏洞。

量粒子与已知物质之间罕见的相互作用，还可以尝试追踪其在我们推测的分布密集区的湮灭迹象。观测弱相互作用大质量粒子的实验之一在大萨索国家实验室进行，名为 XENON1T，这是一个巨大的仪器，含有 3.2 吨超纯液态氙，温度大约为 -100℃。任何可能构成暗物质的粒子与机器中的氙原子相互作用，都会发出一个光子形式的信号，这些光子将被捕获并放大。

2020 年 6 月，纽约哥伦比亚大学埃琳娜·阿普瑞尔博士率领的该项目研究小组发现，仪器内有一些不同于以往的物质通过；这种异常现象似乎不能证明弱相互作用大质量粒子的存在，而可能是由普通粒子（氚、氢同位素的衰变或中微子的存在）所产生。然而，另一种可能性是，该信号来自一种假设的"奇异"粒子，即轴子，在这种情况下由太阳产生。根据一些宇宙学模型，轴子可能在大爆炸中大量产生；由于它们与普通物质只有微弱的相互作用，就像中微子一样，因此它们也是构成部分短暂存在的暗物质的可能候选者。对轴子的直接观测可以为我们试图建立的暗物质理论大厦添砖加瓦。

不仅仅是粒子！

一系列的讲述临近尾声，这里必须提到所谓的"原始黑洞"，有可能在宇宙产生的最初时刻，时空波动产生了大量小黑洞，其质量只有地球的几分之一，大小则以毫米或厘米为单位。这些小黑洞可能形成了星系中心巨大的超大质量黑洞或中等质量黑洞，比如 2016 年 LIGO[1]-VIRGO[2] 合作组直接发现的产生首个引力波信号的那对黑洞。这些观测结果促成了几个宇宙学模型；根据这些模型，暗物质可能是由原始黑洞构成的（如果不是完全由原始黑洞构成，但至少有一部分是）。然而，2019 年，东京大学的新仓广子领导的研究团队发现，质量约为地球百分之一的原始黑洞不可能形成暗物质。根据随后的一项研究，还有一个可能是更小的黑洞——质量不过一座山大小，尺寸可以精确到几千万分之一毫米。

如同将身子探出窗外般，我们探索到了一小部分宇宙所隐藏起来的世界，瞥见了标准模型之外广阔而神秘世界的一角。但我们遗漏了它最大的秘密，宇宙斑斓拼图的最后一块。让我们牵起暗物质的手，把它当成一个老朋友，一个一直以来的伙伴，一起准备面对最终的谜团。现在是时候了解暗能量了。

超对称论

在物理学中，"超对称性"是一种可能关系，它将每个粒子与一个超对称的粒子联系起来，其自旋值——粒子的内在"自旋"属性，描述微观系统的根本属性——相对于其正常同伴增加或减少½。例如，电子（自旋值为½）会有一个超对称的对应粒子，称为超对称电子（自旋为 0），夸克会有超对称夸克，等等。

---

[1] 激光干涉引力波天文台（Laser Interferometer Gravitational-Wave Observatory）LIGO 是加州理工学院（Caltech）和麻省理工学院（MIT）的合作实验室，现在也有其他的大学参与。

[2] Virgo 为世界大型引力波探测器之一。设计基于迈克尔逊干涉仪，为隔离外界振动，其镜面和仪器都采用悬挂方法，并且整个光路都处于真空之中，干涉仪两垂直臂长分别为 3 千米。

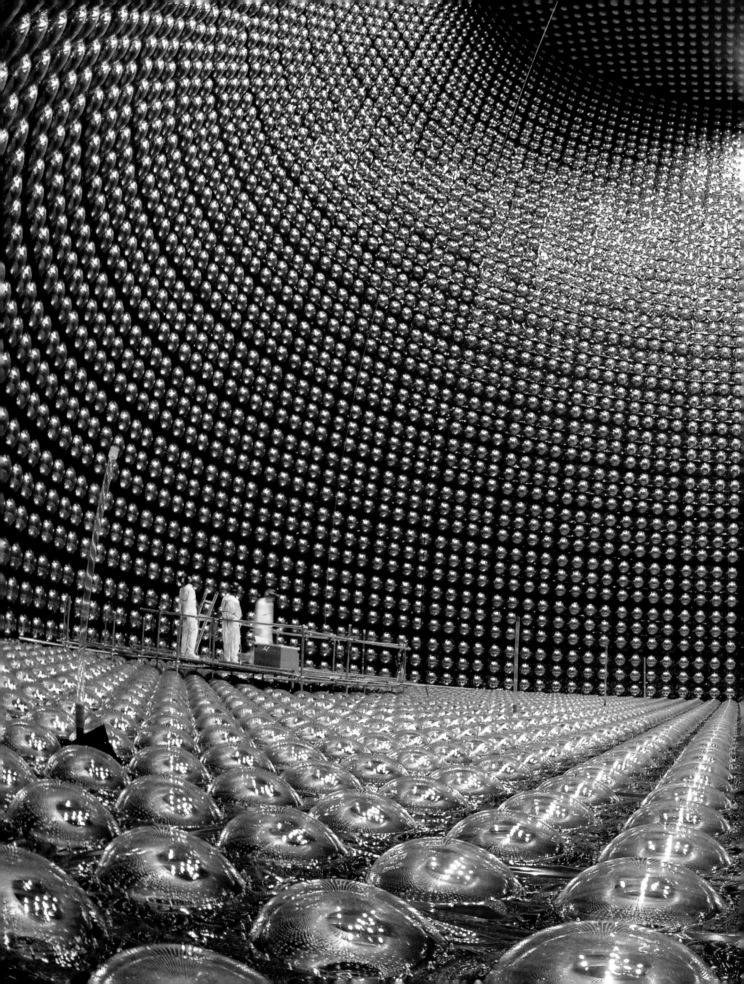

充满科幻感的探测器

在日本的一座山下，在神冈矿区，有一座令人惊叹的天文台，名叫"超级神冈"。它是现实中最重要的中微子探测器之一，中微子是难以捉摸的、质量非常小的粒子，据说是暗物质的组成部分。图中环境是一个直径和高度约为 40 米的圆柱形容器，里面装着 5 万吨超纯水。中微子和水核中电子之间的相互作用产生了辐射，这些辐射显示在巨大水箱壁上的 13000 个探测器上。探测器被埋在地下 1000 米处，避免受到其他粒子的干扰。

● 图片来源：神冈观测站，宇宙射线研究所，东京大学。

第七章

暗能量及其他：认知的边界

宇宙正处于加速阶段，这一令人意想不到的新发现，也催生了一批新理论，例如，存在一种神秘的无形成分，它挑战着当前的自然规律。

我们的故事来到了尾声，从人类的一件往事开始，它发生在 20 世纪末，距今并不久远。1998 年，两个研究小组——一个由加州大学伯克利分校教授萨尔·波尔马特领导，另一个由澳大利亚国立大学校长布莱恩·施密特和当时同样就职于伯克利分校的亚当·里斯领导——公布了一项科学发现，该发现与哈勃在 70 年前的发现具有同样的变革性意义。他们观察到，宇宙不仅在膨胀，而且在加速；时空结构膨胀的速度每时每刻都在增加，仿佛里面有一个看不见的未知引擎在不断提供能够抵抗引力的能量。这是一个与早期宇宙膨胀在性质上非常相似的机制，但发生在无限低的能量范围内。

在了解这种不断增长势头背后的原因之前，让我们看看科学家是如何确定宇宙正在加速这一事实的。

爆炸和距离

我们可以在一种特殊天文事件中找到答案，这是一组被统称为"Ia"[①]（读作"1 a"）型的超新星。一般来说，超新星是一场剧烈爆炸，一种巨大的能量释放过程，可以波及单个恒星甚至多个恒星系统。在爆炸过程中，这一天文学大事的主角变得几乎和小型星系一样明亮。超新星这个词往往会让我们想到那些巨大恒星（其质量超过太阳的 8 倍到 10 倍）的命运，这些恒星在到达其生命的终点时，最外层的物质将在这种宏大的、毁灭性的爆炸中向外抛散。到这里为止，这些信息是正确的，但并不详尽；事实上，超新星也可以在一个双星系统中产生，由一颗白矮星和一颗通常是红巨星的伴星组成。白矮星的体积小但密度大，它从膨胀的伴星那里"偷"来物质，让自身体型增大；然而，这里存在一个质量阈值，大约是太阳质量的 1.44 倍，超过这一质量，白矮星等恒星就变得不再稳定。一旦超过这个阈值（所谓的"钱德拉塞卡极限"），该恒星就会爆炸，形成 Ia 型超新星。

2011 年获得诺贝尔物理学奖的佩尔马特、里斯和施密特正是利用这些方法观测到了宇宙的加速。首先，由于其惊人的亮度，即使超新星距离极远也能被观测到。其次，白矮星[②] 每次达到同样的最大质量阈值时都会爆炸，能量释放也总是以相同的方式和相同的强度发生。更具体地说，超新星发出的光照强度随时间变化——专业层面上来说叫作"光变曲线"——是"标准"的，即它对所有这种类型的爆炸都表现为相同的特征。至于可能存在的差异，如爆炸的持续时间或达到最大亮度的时间，都可以通过数学关系进行修正，这样一来，所有的光变曲线实际上都会是一样的。

这一点非常关键：进行修正之后，与地球之间的距离成了造成两个 Ia 型超新星之间亮度差异的唯一原因。所以，如果一颗超新星比另一颗更亮，那么原因只有一个——第一颗超新星离我们更近，而第二颗更远。这就涉及宇宙学的"标准烛光"，即天文学中已知其内在亮度并可用于计算宇宙距离的天体，它们是了解宇宙状态的关键，比哈勃时期观测到的宇宙更为详细。不幸的是，计算出的答案引发了一系列问题和谜团，甚至比迄今为止我们所面临的问题更加深奥。让我们再一次探索暗宇宙，想办法去了解现今宇宙加速的动力是什么。

[①] 当大质量恒星的核内不再发生核聚变时出现的爆发现象；爆发后的归宿是中子星或黑洞。白矮星通过撕扯吸收伴星的物质与能量而爆发（白矮星通常都是成对存在的），形成宇宙中异常明亮的星体——Ia 型超新星。

[②] 白矮星是一种低光度、高密度、高温度的恒星。白矮星是由简并电子的压力抗衡引力而维持平衡状态的致密星。因早期发现的大多呈白色而得名。表面温度 8000 开尔文，通常发出白光，可有几十亿年寿命。

上图 天琴座行星状星云（M57），其中心是一颗白矮星。图片来源：Daniel Duggan & 欧洲航天局 / 欧洲南方天文台 / 美国国家航空航天局 Photoshop FITS Liberator。

拓展阅读
白矮星

　　白矮星是像太阳这种恒星或质量稍大的恒星演化到末期的残留物。一方面，这种恒星在某一时刻用尽了它们的核燃料，将它们的外层尘埃和气体抛出，形成一个被称为"行星状星云"的球状云。另一方面，它们的内核被压缩到行星大小，并大幅升温，形成一颗密度极高的恒星——白矮星。这种恒星的表面温度高达数万摄氏度，通过量子力学所描述的更复杂效应而非核聚变散发能量。

"我一生中最大的错误"

　　在迷人而复杂的科学探索中，命运似乎经常以玩弄我们的直觉为乐，这种戏弄使我们哑然失笑的同时也陷入沉思。接下来，让我们回到几十年前，阿尔伯特·爱因斯坦得知哈勃发现宇宙膨胀后从他的广义相对论场方程中删除了宇宙学常数，并称其为"一生中最大的错误"。

　　那么我们真的能确定这个常数是一个错误吗？先别着急，我们把它和前几章里描述的所有东西一起暂时先保留在宇宙学成分的名单上。经过几个不太复杂的计算步骤之后，我们可以得出一个有趣的结论：这样一个被顶级科学家所痛恨的极小宇宙学常数正值，却能够产生一个加速膨胀的宇宙。怎么会这样呢？

简单说来，宇宙的所有其他成分，如物质、辐射、暗物质，甚至曲率都会随着时间的推移而降低，随着宇宙的扩张而减少。这是因为，如前所述，宇宙中的物质会随着宇宙的膨胀而在其中"散开"，变得越来越小。但是"常数"却一直如常！因此，它不受周围发生的事情影响，仍会在原地坚定地保持着它永恒的数值。在宇宙这团混沌中加入一个无限小的数字，哪怕它只比零稍微多一点点，但是几十亿年之后，这个看似微不足道的数值也将决定宇宙的命运。它的影响会有多大呢？为了找出答案，我们所要做的就是测量我们的加速度，并将观察结果与其他已知成分结合起来。既然这么说，那就这么做：宇宙学常数兰姆达（∧）的数值为每平方米 10^{-52} 的数量级（即在数字 0.1 的小数点和 1 之间再加 51 个 0），通过它我们能够在仪器上重现宇宙的行为。这是一个几乎不存在的数字，我们谈论的是十亿分之一的十亿分之一的十亿分之一的十亿分之一的十万分之一。然而，就是这样一个数字，却是标准模型的最后一块拼图，现在主宰着整个宇宙的命运。虽然看起来很奇怪，但它发挥的作用是巨大的，甚至至今还没有找到关于这一数字更好的解决方案。在同样由普朗克天文研究小组于 2018 年发表的一篇论文中，他们将几乎涵盖整个宇宙历史的大量观测数据与 ∧CDM 模型的预测数据进行了比对。在所分析的所有距离范围内，从几百万光年到几十亿光年，理论数据和观测数据之间的一致性令人难以置信。除此之外，另一个小细节却也同样令人惊愕，这样一个与相应数据完美契合的宇宙学常数居然是被人为加入宇宙模型方程中的。这个神秘数值的实际起源会是什么？它是在自然界中的哪一阶段产生的？为什么它的数值如此之小？

暗能量

为了理解宇宙学常数可能代表什么，让我们尝试把它解释为与宇宙中的物质有关的量。现在我们来面对第一个令人震惊的问题：宇宙学常数以一种非常特殊的能量形式表现出来，其特点是在空间中的任何一点和任何宇宙学时代，总是具有相同的密度，大约为 10^{-29} 克 / 立方厘米。因此，它是一个非同寻常的存在，违背了当前的自然法则。我们应当知道，"密度"是某种物质的数量（质量、粒子数、能量）与该物质本身所占体积的比值。在同等数量下，体积越大，密度越低。由于宇宙在不断膨胀，体积也在逐渐增大，因此，宇宙中的物体要想保持密度不变，唯一的办法就是不断地复制自己，以便均匀地填充

比光还快！

宇宙中没有任何物体的速度能比光速更快。然而，这种限制只适用于宇宙"内部"的物质。宇宙的结构，即时空，可以随心所欲地膨胀。事实上，相对于我们来说，距离超过 140 亿光年的物体正在以超过光速的速度远离。膨胀的另一个结果是，在一年内，一道光线所走的路程比一光年要远得多！这是因为当光在宇宙中传播时，随着宇宙结构的膨胀，光传播的距离也会增加。例如，来自宇宙微波背景的光大约有 137 亿年的历史，但这些光子在这段时间内实际走过的距离却高达 460 亿光年。

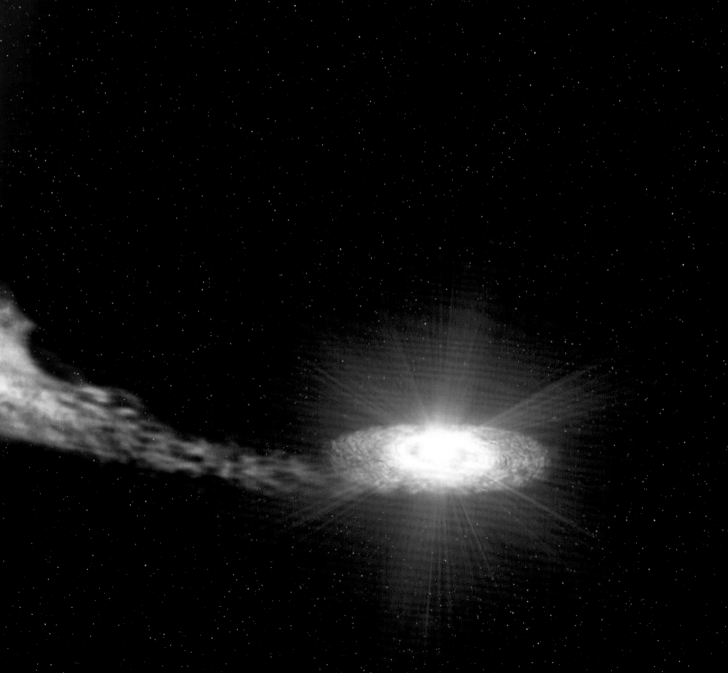

吞噬同类的恒星

　　图中展示的是由两颗恒星组成的双星系统形成一个 Ia 型超新星的过程。该系统由一颗红巨星（左）和一颗白矮星（右）组成。白矮星是一颗小型恒星（与地球相当），但密度很高。它通过自身引力从其巨大的伴星上"偷"取物质，在其周围形成一个圆盘，逐渐增加质量。当白矮星的质量超过太阳质量的约 1.44 倍时，该恒星就会爆炸，形成超新星。

● 图片来源：European Space Agency and Justyn R. Maund (University of Cambridge)。

宇宙的每一部分。宇宙学家迈克尔·特纳和兹威基一样对暗物质十分感兴趣，他在 1998 年将这种迷人的新成分称为"暗能量"。

这股神秘能量可以被看成一种流体，均匀地散布在整个宇宙中，压强为负。我们可以想象一下，从物理角度看，这种能量简直匪夷所思；所以，为了有一个确切的概念，我们假设将气体压缩进一个带活塞的容器中。当我们挤压它时，它与我们施加的力形成的反作用力会越来越强，产生一个向外的压力。然而，宇宙学常数流体的表现却截然相反，即越是释放气体，它越是膨胀，且对环境施加的压力也越大！什么样的粒子或结构在宇宙中会产生类似效果呢？显然，对于这个问题我们毫无头绪，它与迄今为止所研究和发现的一切完全不同。如果我们试图量化这种神秘流体，并将其与宇宙的其他组成部分进行比较，我们就会发现第二个令人不安的事实，尽管暗能量产生于宇宙学常数这样一个极微小数值，但它却占到了宇宙成分的近 70%。我们之前无论如何也不会想到，40 亿年以来，暗能量的密度已经超过了物质密度，这让它毫无争议地成了我们命运的主宰！

实际上，我们也不必对此过于担心，因为宇宙中的总平均密度这一点可以从各种观测中得出相当准确的数据（例如著名的普朗克项目研究小组开展的工作），它与那个神秘常数的能量密度数量级一样，即每立方米约有 10 颗原子。高密度物质的聚集体，比如我们所处的聚集体，只不过是整个宇宙这块儿大布丁产生的振

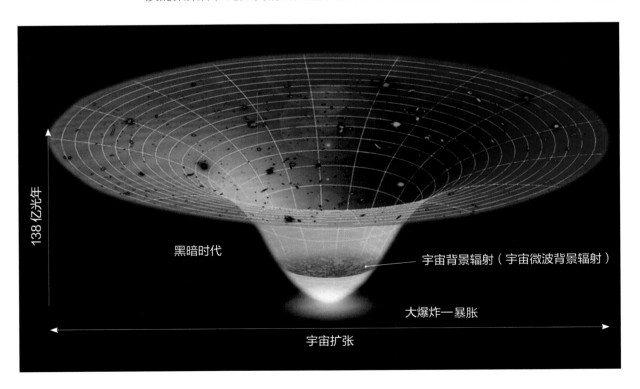

地球上有多少暗能量？

尽管暗能量是宇宙的主导成分，但在星系或恒星系统等天体密集区域，其存在和影响完全可以忽略不计。例如，在地球所占的空间中，总共只有大约 7 毫克的暗能量，而在一个边长等于地月距离的立方体中，暗能量的总质量也才刚刚超过 400 克。

动，是随着时间推移而演化出来的被引力固定在一起的凝聚物，其膨胀效应还没能够渗透和体现出来。

然而，如果我们把宇宙看成一个整体，它的各个成分都均匀地混合和分布在了整个宇宙中。当然，暗流体 [①] 无法渗入小而密集、以物质为主的结构中，但它早已在大范围内占据了主导地位，决定了宇宙的加速发展；由于普通物质和暗物质在膨胀中逐渐消融，它们的贡献在持续减少，暗流体于是便缓慢地获得力量。很快，它将成为宇宙组成成分中唯一幸存的成分；再过数十亿年，它最终将把宇宙变成一座无边无际、荒凉黑暗的墓地。

我们面临着现代物理学领域最艰巨的挑战，即我们的知识与超越科学边界的新路径的交点。一个性质仍然未知的实体，体现出我们在探索神秘宇宙时的无知与卑微。这种流体来自哪里？我们该如何解释其神奇特性？

真空并不"空"！

最初，人们曾试图通过量子力学来解释宇宙学常数。阐述无限小的世界如何运作的理论告诉我们，即便是真空——即我们认为"没有物质存在"的地方——实际上也拥有自己的能量。事实上，经过计算，这一能量数值巨大，甚至是无限的。量子力学解决了这个问题，同时也说明我们从来没有在绝对意义上测量过能量，只是参考了不同角度下产生的差异值。这就像测量位于五楼的桌子上的物体高度一样。如

---

① 暗流体是试图解释暗物质和暗能量的非主流理论。和其他将暗物质和暗能量分开解释的理论不同，暗流体试图把它们联系起来，认为暗流体是遍布宇宙空间的特殊流体。

果以地板为基准，那么该物体的高度就是桌子的高度；而在外面街道上的人测量时，还得加上五层大楼的高度，这就是参考点不同的问题。

粒子物理学的做法是忽略真空能量，或者说把这一非常大的数值作为我们的"参照"，即开始计数的参照物。但随着爱因斯坦广义相对论的提出，我们发现，任何形式的能量都会改变宇宙结构。那么，会不会是这一长期被忽视的参照物定义了我们的宇宙学常数，从而加速了宇宙的膨胀？

显然，大自然不喜欢给出简单的答案，情况也变得更加复杂。我们观测到的宇宙学常数值非常小，而从量子力学计算中得到的真空能量值——在最乐观的情况下——至少是其 10^{120} 倍……1 后面有 120 个 0，仅仅写在纸上就会占据相当多的篇幅！但量子力学再次忽略了这一数字，提出了名为"重整化"[1] 的过程，我们观测到的宇宙学常数实际上是两个巨大数值之间的差异，两者几乎完全抵消。

这是粒子物理学中广泛使用的一种方法，用于描述基本的相互作用。当然，人们也许会想，是什么样的物理机制如此缜密，能保证近乎完美地抵消 120 个数量级，只留下宇宙中那个微不足道的小数字？最重要的是，它为什么要这样做？然而，这个问题其实比想象的还要深奥：真空的能量并不总是相同的，在非常小的范围和非常短的时间内，它的值也会不断波动。因此，我们得出的宇宙学常数数值不是两个单独数值的总和，而是由无限数值累加在一起的总和，其中的每一项数字都必须能够以同样的方式予以抵消。简而言之，这是一种无意义的混乱，从物理学的角度来看，很难证明其合理性。

---

[1] 重整化 (Renormalization)，即克服量子场论圈图中的发散困难，使理论计算得以顺利进行的一种理论处理方法。

走向科学边界

我们忽视了一些根本性的东西。也许我们观察宇宙的角度是错的？我们必须改变视角，更深入地研究标准模型之外的东西。在过去的几年里，人们提出了多种方案，试图解决宇宙加速膨胀之谜。以暗能量为主题的大量研究工作已经对不同宇宙学时代以及不同距离范围的宇宙进行了研究，为人类了解广阔的未知领域开辟了道路。将所有这些研究列举出来是不可能的，但正如最近由布鲁克海文国家实验室[1]

---

[1]　布鲁克海文国家实验室（BNL）位于美国纽约长岛萨福尔克县中部，隶属美国能源部，由石溪大学和 BATTELLE 成立的公司布鲁克海文科学学会负责管理。它开创了核技术、高能物理、化学和生命科学、纳米技术等多个领域的研究，取得多项令世界瞩目的重大成果，并数次荣获诺贝尔奖。

拓展阅读
引力与引力波

2017 年，LIGO-VIRGO 引力波探测项目的国际科学家团队宣布了一个惊人发现：他们观测到了两颗距离地球十分遥远的中子星的碰撞，这次碰撞引发了一场引力波与光辐射联合发射。两种辐射几乎在同一时间到达地球，这表明，引力波的传播速度与光速相同。这对于大部分修正引力模型来说是一次沉重打击，因为根据这些模型，电磁波和引力波必须以不同速度运动。但还有其他理论没有被观测到的事实推翻，仍然是科学家们研究的主题。

下图 位于比萨附近的 VIRGO 引力波探测器，为捕捉引力波信号而建造。图片来源：The Virgo collaboration (CC0)。

研究员安兹·斯劳瑟整理的专题论文集导言中所提到的，我们可以将现有关于暗宇宙的知识分为三大类。

一方面，尽管我们在试图解释宇宙学常数的存在时遇到了许多理论问题，但目前它仍然是宇宙加速膨胀的最佳解释，与大量的观测数据相吻合。

另一方面，一种可能的替代方案是认为宇宙学常数是其他物质的表现，是宇宙的一个新组成部分。其可以是一颗粒子，或一组具有未知和不寻常特性的新粒子，能够加速膨胀，就像数十亿年前的暴胀子那种原初膨胀粒子一样。显然，宇宙现在的情况与很久之前截然不同，如今的宇宙加速机制应该与暴胀机制有所区别，并且应当与我们最近的观测结果保持一致。

不过，根据这套模型的预测，暗能量在整个宇宙中不是完全恒定和均匀的，而是必须在空间和时间上存在变化。所有理论中最简单和最著名的理论被称为"第五元素理论"，这是一种由新粒子振动产生的动态能量形式，随着宇宙本身的发展而发展。最初由宇宙学家罗伯特·R. 考德威尔、拉胡尔·戴夫和保罗·斯坦哈特在 1998 年的一篇论文中提出，第五元素理论是标准模型众多扩展类型的基础，这些扩展多年来变得越来越明确。在这些扩展情况中，这种能量可以像物质一样聚集在一起，以自然界第五种基本能量的方式大范围介入并改变宇宙的结构形成。

此外，还有我们第三章中已经提到的更加奇异的模型，其中暗能量以复杂和神奇的方式与暗物质结合并相互作用，但仍能再现我们在宇宙中观察到的现象。

然而，所有引用动态、变化的暗能量的理论都必须考虑到这种时间上的变化必须极其缓慢，以能达到与宇宙学常数非常相似的效果。

解释宇宙加速膨胀的最后一种方案也许更加诡谲。试想，如果问题出在我们解释暗能量作为宇宙成分的方式呢？如果宇宙学常数的意义反映了更深层次的东西，与宇宙本身的结构有关呢？事实上，问题可能在于我们对引力的理解还不够透彻。我们已经看到，

巨无霸！

特大望远镜（ELT）是一架巨型光学望远镜，由欧洲南方天文台设计，正在智利的阿塔卡马沙漠中进行建造。这是一台令人难以置信的仪器，仅主观测镜直径最窄处就达 39 米，大约是目前最大望远镜的三倍。换句话说，它的表面积相当于五个网球场那么大！ELT 预计在 2025 年投入使用。图片来源：Swinburne Astronomy Productions/ 欧洲南方天文台（CC BY 4.0）。

整个 ΛCDM 模型建立在相对论的坚实基础之上，根据该理论作出的预测已经经过了一个多世纪以来的一大批现象得以验证。然而，我们知道，爱因斯坦方程并不是终点，它与原始宇宙中其他基本力量的联系还不清楚，在黑洞中心发生的事情也依然成谜，毕竟在那里我们已知的每一条定律都会失效。也许，当我们的观测范围变得极大、引力的本质发生改变时，时空对物质和能量的分布会有不同反应，由此产生与宇宙学常数相同的效果。正如牛顿制定的万有引力定律在爱因斯坦最广泛的相对论中得到进一步完善一样，也许相对论本身就是一个特例，是一个更加普遍而全面的理论表达即一种"修正引力"理论。

21 世纪 20 年代初，科学家们对引力理论的可能发展做了一些有趣的想象，起初是出于纯粹的学术兴趣，之后则是受了宇宙学研究的激励——这些研究越来越强调宇宙暗面的存在。原则上说，修改广义相对论意味着增加场方程中已经存在的量项或组合方式——甚至包括在已知的四个维度之外增加可能的维度数量——以改变时空和宇宙成分之间的关系。与动态暗能量模型的情况一样，这些变化也会影响包括星系团在内的宇宙结构的演变和排列。

下图 两个星系团，对此二者的相关研究表明，暗能量的数量在数十亿年的时间里并没有改变。图片来源：X-ray: 美国国家航空航天局/CXC/ Univ. of Alabama/A. Morandi et al; Optical: SDSS, 美国国家航空航天局 /STScl。

右图 2008 年，斯蒂芬·霍金和女儿露西在美国国家航空航天局成立 50 周年庆典上。图片来源：美国美国国家航空航天局 /Paul Alers。

所有科学上有效修正引力模型的一个基本限制是，当我们观测相对较小的系统（如恒星或行星）时，爱因斯坦的理论会以非常精确的对比发挥作用，附加效应则必须消失。各种理论都以非常有想象力的方式实现了这种"屏蔽"机制。其中一个令人好奇的例子是"变色龙效应"，引力的变化在大范围内相当强烈，随着较小的、密度较大的区域被观察到而逐渐减弱，像变色龙一样与周围融为一体。同时，还有一些机制涉及爱因斯坦理论适用的区域和引力改变"外观"的区域之间更明显的转变，因此，即使在恒星或行星的范围内，也会留下信号。由宇宙学家希波克拉底·萨尔塔斯领导的一个国际研究团队在 2016 年进行了一项有趣的工作，他们对白矮星的结构进行了详细分析，结果表明，如果这些模型的预测存在偏差，那一定是非常小的。

目前，我们对宇宙现象的了解，还不足以让我们确定哪种观点能够最正确地描述宇宙：暗能量，还是修正引力？也许是两者的结合，又或者是别的什么？只有未来几年即将开展的大型观测活动才能帮助我们揭开谜底，从而对大自然的运作方式有更具体的了解。

黑暗面的光明未来

我们对浩瀚宇宙深层奥秘的探索之旅到这里就要结束了。我们已经回顾了宇宙历史中的精彩时刻，也努力了解了更多关于其演变和成分的相关知识。从我们

RXJ 1347.5-1145

ZWCL 3146

这颗散落在数千亿颗恒星周围、数千亿个星系中的小小蓝色星球出发，我们欣赏到了在我们之外演化出的巨大、奇妙的宇宙结构，这其中的千变万化和错综复杂令人应接不暇。我们也对主宰我们的暗宇宙有了初步认识，但其真正本质仍然未知，也就是说，我们意识到人类对于暗宇宙的理解仍然停留在表面。

在未来几年，越来越先进的设备将使我们能够在太空中和地球上以前所未有的精确度观测宇宙。欧几里得卫星是由欧洲航天局和数千名科学家通过国际合作开发的空间望远镜，计划于 2022 年发射，观测数百亿个星系，并进一步调查宇宙的膨胀。关于暗物质和暗能量的性质问题仍未解决，该空间望远镜的最终任务就是回答这一问题。同时，一些处在建造中的巨大地面望远镜，如大口径全天巡视望远镜[①]（LSST）和体积庞大的特大望远镜（ELT），将提供大量关于太空的详尽信息；此外，还有下一代引力波天线，它们将使我们以前所未有的方式去观测宇宙。我们正面临着一场科学技术革命，这场革命即将为我们的后代——探索宇宙的接班人——开拓出一片沃土。

现在，我们又回到了本书开篇的逸事，回到那位科学家身上，他带着好奇而谦逊的目光观察着星空，想要知道它的秘密。科学向前发展，朝向未来……它收集自己的过往，让我们得以欣赏大自然的美，引导我们走向新的世界。通过直觉、科学方法和文化水平的不断进步，人类正在学习与宇宙建立关系，了解它，以能与它和谐共处。正如著名物理学家霍金所说："记住要抬头仰望星空，不要总是低头看自己的脚。试着对所见之物赋予意义，并问问自己宇宙为什么存在。要有好奇心。"

---

① 大口径全天巡视望远镜，是一个计划中的广视野巡天反射望远镜，将在每三天拍摄全天一次。LSST 在 2010 年开始动工，并在 2015 年启用。

望向地平线

阿米地奥·巴尔比

在几乎整个人类历史上，对于"这一切是如何开始的？"这一问题一直没有可靠的答案。唯一能够回答该问题的是神话故事，或者充其量是哲学思辨。我们是第一批在科学依据上讲述宇宙历史的人类。在某种程度上，这已经超乎了我们的想象：过去几个世纪中，比我们大多数人聪明得多的思想家都希望至少能了解一点我们今天所知道的东西，但他们没有合适的工具来获得知识。

我们现在了解关于宇宙的许多知识。我们知道，它目前的状态与过去不同，我们可以观测到的宇宙区域是从温度和密度极高的状态演变而来的，在这种状态下，物质和辐射几乎完全均匀地填满了空间。从 138 亿年前原始物质的微小波动开始，开启了一段漫长的历史，在这个过程中形成了今天宇宙复杂的结构，其中包括星系、恒星、行星、分子甚至生物。这段令人难以置信的历史，被我们的望远镜捕捉到，并通过标准宇宙学模型描述出来，它确实是人类有史以来最令人惊讶的故事之一。

然而，我们必须意识到这个框架中目前仍存在许多未知和亟待解决的问题。其中最引人注目的问题可能是需要澄清在宇宙的构成中占 95% 的物质与能量的性质，近几十年来收集的所有观测数据都表明暗物质是存在的，即便不能直接观测到，但其存在可以从可见物质的运动中推断出来。未来几十年的观测和实验将澄清这个谜团，但我们仍有很长的路要走。

然而，其他的问题更为复杂，并暴露了我们研究工具的局限性。例如，我们并不真正地知道是什么样的物理机制使宇宙进入了初始状态。从某种意义上，可以说我们已经了解了宇宙的起源，我们知道宇宙是从何种状态演化至今的。但在更深层次的意义上来说，我们并不知道这种初始状态是代表"万物"的起源，还是只是部分事物的起源。也就是说，我们不知道空间和时间是否也随着"大爆炸"的发生而出现，或者它们是否在那之前就以某种形式存在。在第一种情况下，研究宇宙之前有什么是没有意义的；然而在第二种情况下，我们宇宙的产生可能是一个预先存在的事件，对此我们需要一个合理的解释，但目前，即使是最先进的理论也无法给出答案。

同样，我们可以自问，宇宙是有限的还是无限的？我们的宇宙是否是唯一的？但我们仍然无法知晓这些问题的答案。我们所知道的是，我们所能观测到的宇宙是广阔的，但同时又是有限的。事实上，宇宙有一个边界，是光在过去 138 亿年中所走过的距离。在这个边界外，状况可能与可观测宇宙中的条件保持一致。或者，在我们可以观测到的边界之外，可能存在着无数与我们的宇宙完全不同的宇宙，一种难以想象的不同景观。通过直接调查来确定事情的真相是我们无法做到的，也许，我们永远无法做到。

阿米地奥 · 巴尔比

天体物理学家，罗马第二大学副教授。研究兴趣广泛，从宇宙学到地外生命探索均有涉猎。出版科学著作逾百部（篇），是国际天文学联合会、基础问题研究所、国际宇航科学院 SETI 常务委员会与意大利天体生物学学会科学委员会等多家机构成员。在科普方面，多年来为意大利《科学》月刊撰写专栏，参与过相关广播和电视节目制作，在包括意大利《共和报》和《邮报》在内的多家报纸和期刊上发表过文章。出版多部书籍，其科普哲理漫画《宇宙连环画》（Codice 出版社，2013 年）被翻译成四种语言。2015 年，凭借作品《寻找奇迹的人》（Rizzoli 出版社，2014 年）获意大利国家科普奖。最近一部作品为《最后的地平线》（UTET 出版社，2019 年）。

作者介绍

詹卢卡·兰齐尼

在少年时参观米兰天文馆后对天文学产生兴趣，毕业于天体物理学专业，论文涉及太阳系外行星。毕业后，他在该天文馆担任了几年的科学负责人。随后，他转行从事科学新闻工作，加入《焦点》月刊的编辑部，现在是该杂志的副主编。他已经出版了十几本普及读物，包括与玛格丽塔·哈克合作的《一切始于恒星》和《令人生畏的恒星》以及最近的《为什么他们说地球是平的》，后者的内容涉及地平说和科学方面的假新闻现象。但他并没有忘记行星的世界。2009 年，他创立了意大利行星协会，自 2012 年起担任该协会主席。

洛兰左·皮祖提

1992 年出生在特尔尼，毕业于佩鲁贾大学物理学专业，同时获得特尔尼的帕雷吉亚托·布里夏尔迪音乐学院钢琴专业的文凭。他获得了的里雅斯特大学物理学博士学位，并在 2016 年的意大利气候变化传播者大比赛中获胜。他目前是瓦莱达奥斯塔大区天文台的博士后研究员，在研究宇宙学领域的科学活动的同时，还参与了面向群众的教学和传播工作。对天空的热情从小就伴随着他，正如他对音乐和表演的热情一样。他除了会用几个小时来试图说服人们物理学是美妙的，还喜欢滑雪和看电视节目（严格来说是科幻题材）。